高职高专艺术设计专业规划教材·产品设i

SKETCH & RENDER OF PRODUCT DESIGN

产品效果图表现

田敬　编著

U0202452

中国建筑工业出版社

版编目（CIP）数据

效果图表现 / 田敬编著.—北京：中国建筑工业出版社，2014.9
高专艺术设计专业规划教材·产品设计
N 978-7-112-17177-4

①产⋯ Ⅱ.①田⋯ Ⅲ.①工业产品 – 造型设计 – 效果图 – 技法
术）– 高等职业教育 – 教材 Ⅳ.① TB472

中国版本图书馆 CIP 数据核字（2014）第 189775 号

　　本教材是供高等职业院校工业设计专业、产品造型设计专业的专业绘画技法教学与实训的教科书，可供教师课内教学或学生课外自学使用。编写的指导思想是：以设计应用为导向，从产品造型的设计观念出发，向学生介绍产品设计效果图表现技法概况，相关的表现知识，工具与材料，绘画与制作的基本技巧，各种表现技法与效果，用实训案例介绍的形式，重点详述当前用于训练和设计实践中，行之有效的常用表现技法及画法步骤。最后，通过制定对产品效果图表现质量的评价标准和案例点评，引导学生正确地欣赏、评价作品，学习他人的表现经验，扩大自身产品效果图表现的信息量，提高造型修养和鉴赏力。

　　本书的撰写本着知识性、实用性、技能性和可操作性并重的原则，由浅入深，由易到难安排知识内容和实训课题，强调前后关联，循序渐进，讲求实效。尤其在常用表现技法的训练中，注重引导学生对工具、材料、技巧的熟悉和对画法步骤的了解，按照表现技法类型与难度，结合学生基础的差异性，设置了十六套案例范图，供教学使用，从某种意义上说，掌握表现技法的程式，是产品效果图表现获得成功的基本保证。

责任编辑：李东禧　唐　旭　焦　斐　吴　绫
责任校对：李欣慰　党　蕾

高职高专艺术设计专业规划教材·产品设计
产品效果图表现
田敬　编著
＊
中国建筑工业出版社出版、发行（北京西郊百万庄）
各地新华书店、建筑书店经销
北京嘉泰利德公司制版
北京盛通印刷股份有限公司印刷
＊
开本：787×1092 毫米　1/16　印张：7¾　字数：175 千字
2014 年 11 月第一版　2014 年 11 月第一次印刷
定价：**45.00**元
ISBN 978-7-112-17177-4
　　　　（25951）

"高职高专艺术设计专业规划教材·产品设计" 编委会

总 主 编：魏长增

副总主编：韩凤元

编 委：(按姓氏笔画排序)

王少青　白仁飞　田　敬　刘会瑜

张　青　赵国珍　倪培铭　曹祥哲

韩凤元　韩　波　甄丽坤

序

　　2013 年国家启动部分高校转型为应用型大学的工作，2014 年教育部在工作要点中明确要求研究制订指导意见，启动实施国家和省级试点。部分高校向应用型大学转型发展已成为当前和今后一段时期教育领域综合改革、推进教育体系现代化的重要任务。作为应用型教育最基层的众多高职、高专院校也会受此次转型的影响，将会迎来一段既充满机遇又充满挑战的全新发展时期。

　　面对众多研究型高校转型为应用型大学，高职、高专作为职业技术的代表院校为了能够更好地迎接挑战，必须努力提高自身的教学水平，特别要继续巩固和加强对学生操作技能的培养特色。但是，当前职业技术院校艺术设计教学中教材建设滞后、数量不足、种类不多、质量不高的问题逐渐显露出来。很多职业院校艺术类教材只是对本科教材的简化，而且均以理论为主，几乎没有相关案例教学的内容。这是一个很大的问题，与当前学科发展和宏观教育发展方向是有出入的。因此，编写一套能够符合时代发展需要，真正体现高职、高专艺术设计教学重动手能力培养、重技能训练，同时兼顾理论教学，深入浅出、方便实用的系列教材就成为了当务之急。

　　本套教材的编写对于加快国内职业技术院校艺术类专业教材建设、提升各院校的教学水平有着重要的意义。一套高水平的高职、高专艺术类教材编写应该有别于普通本科院校教材。编写过程中应该重点突出实践部分，要有针对性，在实践中学习理论，避免过多的理论知识讲授。本套教材邀请了众多教学水平突出、实践经验丰富、专业实力雄厚的高职、高专从事艺术设计教学的一线教师参加编写。同时，还吸纳很多企业一线工作人员参加编写，这对增加教材的实用性和实效性将大有裨益。

　　本套教材在编写过程中力求将最新的观念和信息与传统知识相结合，增加全新案例的分析和经典案例的点评，从新时代的角度探讨了艺术设计及相关的概念、方法与理论。考虑到教学的实际需要，本套教材在知识结构的编排上力求做到循序渐进、由浅入深，通过大量的实际案例分析，使内容更加生动、易懂，具有深入浅出的特点。希望本套教材能够为相关专业的教师和学生提供帮助，同时也为从事此专业的从业人员提供一套较好的参考资料。

　　目前，国内高职、高专艺术类教材建设还处于起步阶段，还有大量的问题需要深入研究和探讨。由于时间紧迫和自身水平的限制，本套教材难免存在一些问题，希望广大同行和学生能够予以指正。

总主编　魏长增

2014 年 8 月

前　言

　　产品效果图表现是产品创新行为的手段，高等职业院校工业设计、产品造型设计专业的学生，应当学习、掌握产品效果图表现技能，为产品设计、创新服务。

　　专业绘画技法课，对于天津工艺美术职业学院产品造型设计专业来说，是一门有着深厚历史积淀的设计表现基础课。20世纪50年代末，我院老一辈工艺美术家、设计教育家、教授窦以昭先生，在当时的日用器皿造型设计专业，开创了产品效果图课。到了20世纪80年代中期，我院工业设计系成立，穆淑英先生开设了设计素描的课程，训练学生从透视、形体、构造的角度以及线造型来表现产品形态。在产品造型设计课上，王宝臣教授，倡导针对不同的造型表现对象，要采用不同的绘画工具、材料和相应的技法表现造型效果，曾指导学生采用归纳法、高光法、浅层法、喷绘法等表现设计课题，丰富了表现手段，提高了表现效率。随后，20世纪90年代初、中期，产品造型设计专业的效果图表现课，在保留渲染法、归纳法的前提下，先后进行了高光法、浅层法、淡彩法、色粉笔法、马克笔法等具有准确、生动、快捷特点的表现技法实训，在训练方法上，采用了近台写生、作品临摹、图片整理表现的方法。通过几年的教学实践，取得了明显教学成果，部分学生课上实训作品曾选入现代工业设计效果图集，一度成为院校间使用的产品效果图参考资料。

　　21世纪，国家大力发展职业教育，针对高等职业设计教育人才培养目标，我院加强产品造型设计专业建设，不断改进课程教学，专业绘画技法课，以设计应用为导向，从产品造型设计观念出发，按照不同类型产品的表现特点，从多种产品效果图表现技法中，选取行之有效的常用表现技法，作为教学实训内容，在继承原有训练方法的基础上，增加了意象表现训练，其目的在于训练学生的观察、记忆和主观表现的能力，为产品造型设计课奠定良好的基础。

　　此次由中国建筑工业出版社组织编写高职高专艺术设计教材，产品造型设计专题，《产品效果图表现》是其中的一本，本人执笔编著深感欣慰，这本教材是多年来教学的积累，是对前辈开创的产品效果图表现课程继承与发展的总结，是本人产品效果图教学研究与实践的汇报，也是针对高职教育特点，为不断深化该课程创新提供的借鉴与参考。致此，对中国建筑工业出版社给予该教材编写的支持和帮助予以深切地感谢！

　　本教材选用课内实训的作品涉及以下不同届别的学生：李丽、岳俊、秦文婕、刘辛夷、田沂、李洁、张娇、李爽、王鹏、钦长洲、杜书金、郭伟、王萍、孙楠、汪家庆、靳君、宋昕、王嵩淼、康维彬、郑凯飞、王宇、马丽、刘艺文、郭金、孙凤旭、于重彬、魏林雪、凌颖、崔潇、吴晓倩、张紫楠、赵莉、戴双、冯洋、许慕珠、武娇怡、陈亚静、刘纯、孟繁晓、辛朝晴、李昌东、朱丽婷、李静、张立强、何文华、程娇、黄芸娜、李延伟、焦猛猛、陆垚、扬升、陈传圣、刘德利等，由于选入作品的学生跨越不同的年代，在署名时如有疏漏，敬请原谅。

目 录

第一章　产品效果图表现概述

第一节　产品设计概念

一、产品的定义

产品是指人们用一定的材料和工具（机械），并通过劳动所创造的物品。产品又分为手工工具加工的产品（手工艺品）和机械化加工的产品（工业品）。

二、产品设计的定义

对于工业产品而言，产品设计是指在形态、色彩、材料表面工艺、结构及使用方面，给予产品以新的特质。该定义根据国际工业设计联合会工业设计狭义定义归纳而成。

就工业产品设计来说，设计师以现代科学技术与企业生产条件为前提，充分研究市场现状与潜力，探索消费者的生理与心理需求，以市场为导向，开发适销对路的产品。在设计的过程中，不但要规划产品的外观形态和表面处理，更要解决功能与构造的关系问题，并把经过反复推敲的创意方案，通过形象化的方式（设计草图、设计制图、设计效果图、设计模型）表现出来，起到与生产者、消费者沟通的作用，以获得他们的认同与满意，经过企业的开发流程，最终设计出集科学性、实用性和审美性于一体的产品。因此，产品设计是设计师逻辑思维与形象思维相结合的创新行为，他们的创意表现是创造力的体现。

第二节　产品效果图表现的定义

产品效果图是表现产品造型设计的预想图。在介绍产品效果图表现的定义之前，要首先了解一下什么是产品造型设计？

一、产品造型设计的定义

对用手工或机器生产的实用产品进行造型设计，在制造产品之前，就预先设想和计划出产品的形态，并以可视形态记录、模拟、表现出来，就是产品造型设计。

在了解产品造型设计的定义的前提下，进一步介绍记录产品形态的首选可视方式，即产品效果图表现。

二、产品效果图表现的定义

产品效果图，顾名思义即表现产品造型设计预想的图画，它也叫产品设计预想图。

具体地说，产品效果图是指在产品构思方案确定之后，设计师运用一定的绘画工具、材料和技法，将产品制造后的形体、比例、结构、色彩、材质、表面处理及使用特点等实际效果，生动、立体地表现在二维画面上的现代设计绘画表现形式（图1-1、图1-2）。

以上两张图片为同一款仪器，左图为制造前的设计效果图。右图为完成制造后的成品，通过对照可以看到，效果图的设计意图，在制造的成品上得以实现。

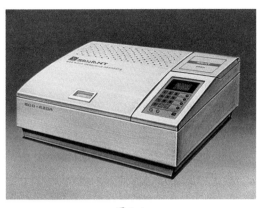

图 1-1

图 1-2

由此可见，产品效果图表现定义，有三个方面的含意：其一，效果图的表现必须是设计师对产品预想"深思熟虑"的结果，不是某个过程的构思表现，是完整的设计方案的体现。其二，效果图是通过设计师选择相应的绘画、制图工具与材料，运用一定绘制方法表现出的预想效果，因此，产品效果图也是一门表现技能。其三，产品效果图，是在现代工业化大生产背景下，应用于产品开发与创新，服务于产品制造业，就其产生背景及服务的功能看，应该是区别于艺术绘画的现代设计绘画的表现形式。

产品效果图绘制是产品造型设计的表现基础，也是形象思维与手绘技能必不可少的学习过程，本教材所谓产品效果图表现，可以理解为产品效果图表现技法的介绍，主要围绕着手绘产品效果图表现的技巧和方法展开介绍与实训。

第三节　产品效果图表现的意义

21 世纪，社会进入了创新发展的时代，我国制造业由中国制造向中国创造迈进，企业加快了产品创新，抢占市场的步伐。产品设计师是企业研发的核心力量，产品创意与奇思妙想，是通过设计效果图的形式表现出来的，产品效果图是企业产品研发的形象依据，产品效果图表现受到企业新产品开发的高度重视，它对产品造型设计具有重要的意义。

1. 产品效果图是表达产品设计思维的视觉语言，是交流产品设计信息的需要，是产品设计的主要形象资料，是设计工作流程中，不可缺少的重要环节与内容。

2. 产品效果图是企业产品开发、论证，并对设计方案进行评价和决策的重要形象依据。

3. 产品效果图表现是现代产品设计师应当具备的职业技能，是艺术修养、创造力与职业活力的体现，是设计师的核心能力和优势所在。

4. 学习产品造型设计，产品效果图表现技法是必须训练的课程，它有助于造型能力的培养；有助于形象思维与逻辑思维的密切结合；有助于造型表现综合知识的应用；有助于产品造型观念的增长；有助于分析问题、解决问题的能力增强；有助于设计师职业素质的提高。

5. 掌握产品效果图表现技法，准确、生动、快捷地表现造型创意，是产品造型设计师工作效率的体现，也是当今现代制造业对设计人才核心能力的迫切要求。

6. 掌握产品效果图表现技法，对于高等职业院校的工业设计、产品造型设计专业的学生来说，不但为深入学习产品设计课程奠定基础，而且，也为以后的产品设计实践乃至加盟产品制造业的开发工作，从事设计师职业，做好了学以致用的准备。

第四节　产品效果图表现的特性

产品效果图是产品造型设计师造型概念及其设计效果的语言，它的表现对象是物质产品，而艺术绘画是艺术家用绘画语言，描绘的画作是精神产品，究其表现功能而言，它们的区别是明显的，产品效果图表现是产品造型活动的行为和手段，因此，产品效果图表现具有以下特性：

一、创造性

产品效果图表现对象是设计师根据市场的需求与企业的制造条件，进行产品创新的构想，无论是功能、形态、结构，还是材料、工艺、制造等方面都有与众不同之处，其造型表现对象是现实中没有的，是独特的、全新的。抓住产品构思的独创性和新颖性表现设计效果，针对不同产品，设计师适时地选择表现技法，描绘主观创造的新形象，使画面别开生面，给观者以全新的视觉感受。

二、写真性

产品效果图表现以真实、准确地反映设计师产品造型的构思原创为原则，在画面效果上，切勿产生失真性的夸张，给观者造成误解。

三、说明性

产品效果图是产品造型设计的语言，其功能在于说明。"用图说话"，真实、直观地传达产品功能、形态、结构、色彩、材质、标识乃至成型工艺特点等信息，无须受专业背景等因素的限制，既能与专业人员交流，又能与非专业人员沟通，使观者一目了然，是画面表现的基本特征之一。

四、启智性

产品效果图表现，在说明产品造型意图的基础上，还有启发观者想象的功能，即启发生产者对未来新产品的工艺、加工、制造、成本以及销售状况的预测，也启发消费者对未来新产品的购买以及使用状态的联想。

五、规律性

产品效果图表现在服务功能上，区别于艺术绘画，但却源于绘画的基本规律，其画面效果必须符合人的视觉规律。在高等职业院校工业设计、产品造型设计专业都开设效果图表现课程，总结出各种画法程式和步骤，使教有章法，学有成效。

六、综合性

由于各种表现工具及材料的不断出现，相对新的表现技法和绘画效果也在不断产生，在掌握产品效果图表现规律和技法的基础上，可以针对产品表现的需要，"不择手段"综合调动工具、材料和技法等优势进行作画，以达到理想化的最佳视觉效果。

七、艺术性

产品效果图是表现产品形态的现代设计绘画表现形式，在真实传达产品设计信息的前提下，画面以美的形式和韵味感动观者，营造与人交流的亲和力，扩展影响力，更好地达到传播设计信息的目的。

八、快捷性

相对来说，用二维画面表现产品设计效果，要比制作三维立体产品模型更加简便、快捷、经济，也是其特性。随着市场竞争的加剧，产品设计开发的周期日益缩短，因此，要求产品效果图表现技法不但能准确、生动地绘制效果图，而且还要达到快捷。快捷性有两层含义：（1）多出方案，优选方案。（2）用快速的技法表现，缩短绘图时间，提高设计效率。

第五节　产品效果图表现的规律

产品效果图表现规律，源于艺术绘画表现规律，是根据产品设计表现的需求，在艺术绘画表现规律的基础上，归纳、总结而来，其表现技法吸收了艺术绘画等表现知识和经验，它包括以下几个方面：

1.透视常识的应用——为描绘产品形态的立体感和空间感，提供表现依据（图1–3）。

2.投影常识的应用——借助产品的正投影，表现产品造型的实际尺度概念和直观效果（图1–4）。

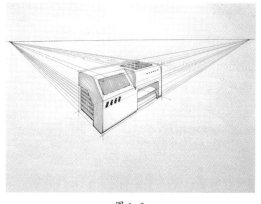

图 1–3　　　　　　　　　　　　　　　　　图 1–4

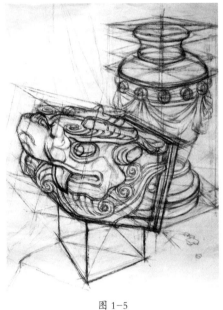

图 1-5

图 1-7

图 1-6

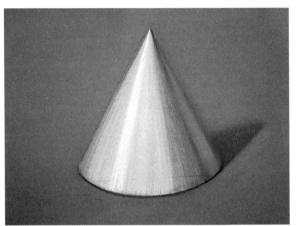

图 1-8

　　3. 基础绘画知识的应用——为表现产品造型的视觉效果，必须借鉴绘画表现规律和方法，掌握一定的绘画技巧，这是学习产品效果图的有效途径（图 1-5~ 图 1-8）。

　　如图所示图 1-5 为线造型的素描图 1-6 为光影造型的素描图 1-7 为静物色彩写生图 1-8 材质表现

　　4. 画面构图的处理——营造产品效果图画面布局而产生的形式美感。

　　5. 工具与材料的应用——确保了达到各种产品效果图表现技法的操作及效果。

　　6. 表现技法与步骤——实现各种表现技法风格及效果的有效技巧和程式。

第六节　产品效果图表现的训练方法

　　产品效果图表现的训练方法，是按照学生的认知规律，循序渐进地展开的。通常有：产品写生训练、临摹作品训练、手绘图片训练、意象表现训练四种方法。

一、产品写生训练

有目的地选择已有产品为近距离写生对象，通过认真观察、感受，在了解其形态、构造、比例、色彩、材料及空间构图关系的前提下，用勾、点、涂、染的技巧，将产品对象准确、深入、生动、逼真地表现在画面上的训练过程。这种方法主要培养学生认真观察和逼真地表现产品造型效果的能力（图1–9、图1–10）。

二、临摹作品训练

选择各种典型产品设计表现技法的效果图作品进行临摹，是学习产品效果图表现训练的有效途径，既可以熟悉工具、材料，锻炼表现技巧，又可以学习他人成功的表现经验，在此基础上，不断地总结、获得提高（图1–11、图1–12）。

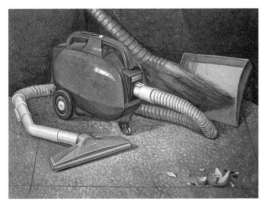
图 1–9

图 1–10

图 1–11

图 1–12

图 1-13

图 1-14

图 1-15

三、整理图片手绘训练

选择某种造型完美的产品形象资料（产品照片、产品广告、产品样本等），作为手绘对象，对其形体、色彩、光影、质感以及环境进行综合分析并设计画面，有针对性地运用某种产品设计表现技法，参照预定产品对象的表现训练过程，主观描绘画面。这种方法锻炼学生运用适当的效果图技法表现产品造型的能力（图 1-13、图 1-14）。

四、意象表现训练

将头脑中已经积累的产品表现信息（形体、色彩、光影、质感以及背景）进行组合、构思形成画面造型效果的意象，然后，选择适当的产品效果图表现技法进行主观描绘的训练过程。这种方法重点锻炼学生的逻辑思维与形象思维的能力，以及主观创造、表达的能力（图 1-15）。

本章小结：本章节的知识，即产品设计概念；产品效果图表现定义；产品效果图表现的意义；产品效果图表现特性；产品效果图表现规律；产品效果图表现的训练方法，通过这些知识点的连接，描绘出产品效果图表现的知识结构概要，拉开了本教材的序幕，为进一步学习产品效果图表现的相关知识，做好了铺垫。

[思考与练习题]

1. 如何理解产品设计概念?

2. 产品效果图表现的定义是什么?

3. 从产品造型设计专业的角度，如何理解学习产品效果图表现的意义?

4. 产品效果图表现有哪些特性?

5. 产品效果图表现与艺术绘画表现的异同?

6. 产品效果图表现训练的方法有几种，如果课外练习，你想采取哪一种方法?

第二章　产品效果图表现的相关知识

第一节 透视常识的应用

我们把近大、远小，近疏、远密，近实、远虚的视觉现象，称为透视现象。人们将看到的视觉现象描绘在纸上，就会产生立体、深远的图画（图2-1、图2-2）

透视是在画面上制造立体幻觉的方法，为绘画造型表现提供了保证，透视原理已经成为表现产品形态立体感与空间感的依据，是产品设计效果图传达造型信息的主要样式，也是产品效果图表现技法应用的常识。

图 2-1

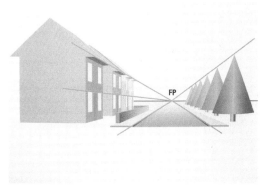

图 2-2

一、透视的分类

以立方体为例，在画面中，凡与其成角度的空间直线所消失的点，一般被称为透视的灭点。按透视灭点的多少，可以分为以下三种类型：

1. 一点透视

也称中心透视或平行透视，这种透视只有一个灭点，一组消失线，水平与垂直方向的线均为平行关系，最前面的形为真形。

一点透视的长方体或正立方体最前面的是真形面，运用这种透视表现的产品形态给人以平稳感（图2-3、图2-4）。

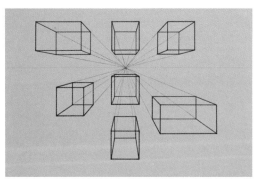

图 2-3

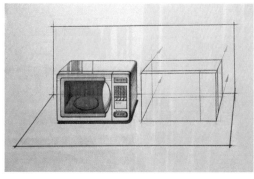

图 2-4

　　如图 2-3 所示，各种比例的立方体空间漂移，它们共同消失在一个灭点上，这些一点透视的立体基本型，可以帮助我们想象并表现出各种具有真形面的产品造型形象。

　　再如图 2-4 所示，这款微波炉的造型以长方体为基本型，其主要造型信息体现在长方体最前面的真形面上，能够直观地表现出微波炉前面造型的结构、比例和尺度，而机箱的深度造型变化简洁，四条棱线向一点消失，一点透视表现出机箱的平稳感与纵深感。这种透视适于表现箱体类的产品造型。

　　2. 两点透视

　　也称成角透视，这种透视有两个灭点，两组消失线，垂直方向线为平行关系，最前面垂直方向的线为真高线。

　　两点透视的立方体除前面的真高线外，其余面都发生了变形，运用这种透视表现的产品形态，符合人的视觉印象，有直观、生动的感受（图 2-5、图 2-6）。

　　如图 2-5 所示，具有两个灭点的各种比例的立体在空间漂移，它们各自近端的立棱都是真高，其各面是变形的，但是，在一定的视域内是符合人的视觉习惯的，这些两点透视的立体基本型，可以帮助我们想象并表现出各种具有变化的、生动的产品造型形象。

　　再如图 2-6 所示，这款旅行箱以纵高的长方体为基本型，其主要造型信息，体现在长方体的各面上，加之箱体后面的提把，显得造型富于变化，箱体靠前的立棱为真高，其他两组横棱向两侧灭点消失。用两点透视表现的旅行箱，具有较多的表现面和生动直观的感受。这种透视适于表现富于变化的产品造型。

　　3. 三点透视

　　也称倾斜透视，这种透视有三个灭点（即左、右灭点和一个天点或地点），三组消失线，各组棱线没有平行关系，因此，各面均无真形与真长线。

　　三点透视的立方体各组棱线都不平行，呈现了俯视向地点消失或仰视向天点消失效果，可用于表现大型产品造型的鸟瞰或仰望状态，也可以表现低垂或悬挂物（图 2-7、图 2-8）。

　　如图 2-7 所示，具有三个灭点（左、右灭点、天点或地点）的各种比例的立体在空间漂移，其形体的各面没有真形，都是变形的，但是，在倾斜的状态下，仰视或俯视立体时，却符合人的视觉印象，这些三点透视的立体基本型，可以帮助我们想象并表现出各种具有高耸感或鸟瞰感的产品造型形象。

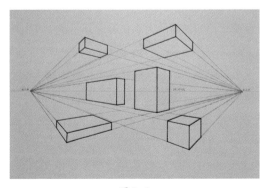

图 2-5

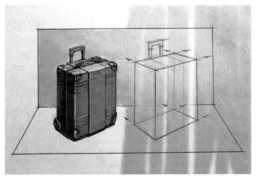

图 2-6

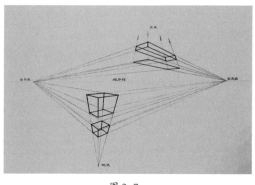
图 2-7

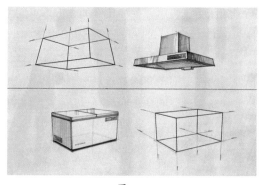
图 2-8

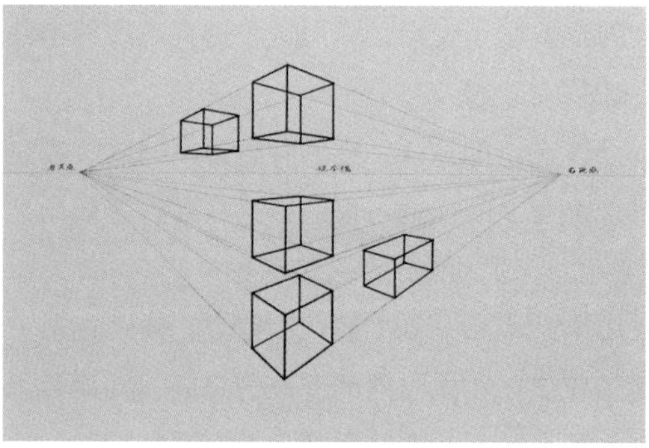

图 2-9

图 2-10

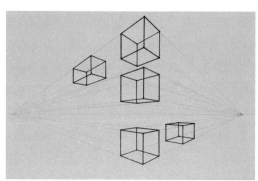

再如图 2-8 所示，视平线以上的这款抽油烟机，运用三个灭点透视（即两个成角灭点和一个天点）描绘而成，表现出悬挂物仰视效果。而低于视平线的这款冰柜，运用三个灭点透视（即两个成角灭点和一个地点）描绘而成，表现出大体量、俯视效果。

二、视高的选择

视高是指人们观察立方体视点的高度，而视点与视平线上的心点相连。当立方体陈设的位置在视点以下，则观者看到立方体俯视的状态。若立方体陈设的位置在视点以上，则观者看到立方体仰视的状态。因此，视高与立方体的俯视面和仰视面的大小也有关系（图 2-9、图 2-10）。

1. 立方体低于视平线并相距越近，则俯视面越小。反之，距视平线越远，俯视面越大。

2. 立方体高于视平线并相距越近，则仰视面越小。反之，距视平线越远，仰视面越大。

在产品效果图表现中：俯视，一般表现陈设在案头或坐落地面上的产品；仰视，一般表现悬挂在空中的产品或体量高大的产品（图 2-11、图 2-12）。

如图 2-11 所示，多功能应急灯呈俯视陈设位置。再如，图 2-12 中的小轿车呈俯视状态，而另一辆大货车体量高大呈仰视状态。

三、视角的选择

　　视角是指人们观察立方体的角度，视角也反映了立方体透视的角度。在产品效果图表现中，视角的选择要以能够充分表现产品形态、功能特点为原则，要以产品造型面的表现需要来确定。

　　透视角度一般分为：一点透视、45°角透视、30°~60°角透视、当然还有任意角的透视。由于视角不同，所以表现造型面的比例也不同。

　　1. 平行透视的视角表现立方体的立面为真形。

　　2. 45°角透视的视角表现立方体前面的两个立面基本相同。

　　3. 30°~60°角透视的视角表现立方体前面的两个立面出现变化。

　　4. 任意角透视的视角表现立方体前面的两个立面也出现相应的变化（图2-13）。

　　在运用透视表现物体时，视角不宜过大，如果过大，会引起物体变形增大，但是也不要过小，如果过小会使物体平缓，缺乏立体感。最佳视角的选择，以既表达物体的立体感，又避免失真感为宜。

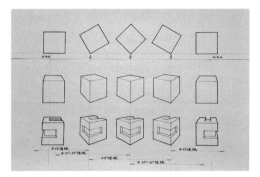

图 2-11
图 2-12
图 2-13

第二节　投影常识的应用

　　投影是机械制图中最基本概念和常识，将正投影应用于产品效果图表现中，是产品效果图图形传达的另一类式样，在主视图、侧视图、俯视图的图形基础上，增加明暗、色彩、质感表现元素，使画面具有生动、直观的视觉效果。由于正投影常识的应用，使得所表现的产品形态不失实际尺度，为产品造型设计的评价以及下一步的工程设计提供了可靠的依据。运用正投影常识进行产品设计表现方法也称为正投影法（图2-14、图2-15）。

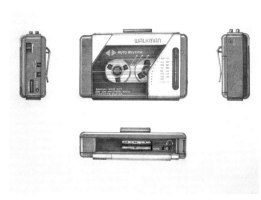

图 2-14　　　　　　　　　　　　　　　　　　　　　图 2-15

第三节　基础绘画知识的应用

　　效果图是主观性绘画，不论在表现内容上，还是在表现形式上，都体现出设计师的主观灵感、绘画经验、表现技巧和组织画面要素的能力。由此可见，要生动、逼真地表现产品形态，需要有针对性地学习绘画基础知识，从中找出规律性的东西，并应用于产品效果图表现实践，逐步地形成经验，取得实效。

　　线条、光影、明暗、色彩、质感是在绘画造型中最基本的视觉语言和表现要素，其表现规律不但指导基础绘画训练，也是学习产品效果图表现技法的切入点，应该掌握并加以运用。

一、线的造型

　　在造型表现中，线条是勾画形态的基本手段，起到了区别形体与背景，形体与结构的界限作用。线的造型在产品设计中，通常以设计素描（结构素描）的形式作为造型设计初始的绘画表现形式。

　　1. 设计素描的概念：所谓设计素描，是以单色线为造型语言，传达设计形态、构造及其空间关系的一种现代设计绘画表现形式。

　　2. 设计素描的特征：它具有工具简单，绘画方便，随心所欲，表现直观的特征，设计素描不仅是一种表现技法，又是产品效果图表现训练的基础。

　　3. 设计素描的三个特点：（1）线的表达，（2）透视规律的应用，（3）结构特征。在了解这三个特点的基础上，掌握规范的画法步骤（（1）透视框架，（2）透视框架分割，（3）形态及构造的描绘，（4）整理造型线条），掌握立方体、内接圆及球体的画法，通过严格训练获得徒手透视及线造型的能力（图 2-16~ 图 2-18）。

　　4. 学习设计素描的目的：有利于认识形态构成的本质，掌握最简练的造型语言表现形态、结构与空间关系的设计构想。具备了徒手线造型的能力，才能应用到各种表现技法中去。

　　总之，在线造型准确的基础上，进一步地添加明暗、色彩、质感、背景等要素，才能栩栩如生地表现产品设计形态的直观效果。

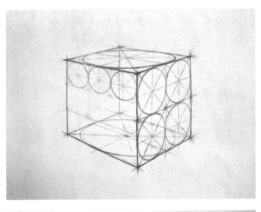

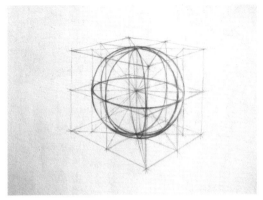

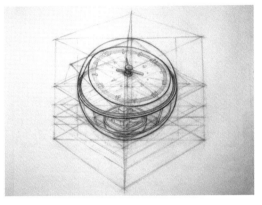

图 2-16	图 2-17
图 2-18	

二、光影的表现

在自然界，物体受光产生明暗即光感和影像，光与影是相互依存、相互对立的客观现象。也是绘画表现要素之一，了解光影的规律，才能运用明暗调子表现产品造型的光感、立体感和空间感。

1. 光

光是指可见的光源。光源分为两类：（1）自然光源，主要指阳光。（2）人造光源，主要指灯光。在产品设计表现中，投照在产品上的光源，一般多以自然光源为主（图 2-19、图 2-20）。

自然光源（日光）照射在物体上光线呈平行光线，而人造光源（灯光）照射在物体上光线呈辐射光线（图 2-21、图 2-22）。

2. 影

影是指背光的阴影。阴影又分为暗影、投影与反影（倒影）。

暗影，是指物体自身背光部分，即是物体的暗部、阴面。

投影，是指因光被物体遮挡，投射在承影面上的影，即是投影。投影可以映在物体的自身其他部位，也可以映在另一个物体上，还可以映显在案头、地面或墙面上。

反影，即倒影，在光滑的物面上，都会反射出其他物体的形象，这个物面称为反射面，其反射的影像称为反影（图 2-23）。

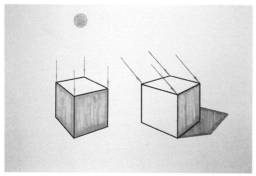
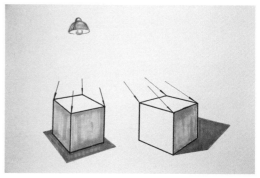

图 2-19 | 图 2-20
图 2-21 | 图 2-22

总之，影是物体背光所至，是与物体受光部分相伴显现的。影对表现产品设计形态的立体感、空间感是十分重要的。

描绘投影，如果用几何作图的方法较为复杂，因此，我们在了解光影规律的前提下，根据经验分析、推理刻画出较为近似的投影即可。

关于光影关系的四个基本点

（1）光点：光源所处的位置（自然光、人造光）。

（2）足点：光点下垂与地面上的点。

（3）顶点：物体接触光线的最高点。

（4）底点：顶点下垂与地面上的点（图 2-24）。

3. 光对影的影响

（1）光线与地面的夹角越小，则物体的投影越长。

（2）光线与地面的夹角越大，则物体的投影越短（图 2-25）。

4. 物体投影的形成

将光点向物体的顶点的延长线与足点向物体的底点的延长线相交的各点连接起来，就可以形成该物体的投影（图 2-26）。

以下是被自然光照射的几何形体在水平面上或其他物体上形成的影像（图 2-27、图 2-28）。

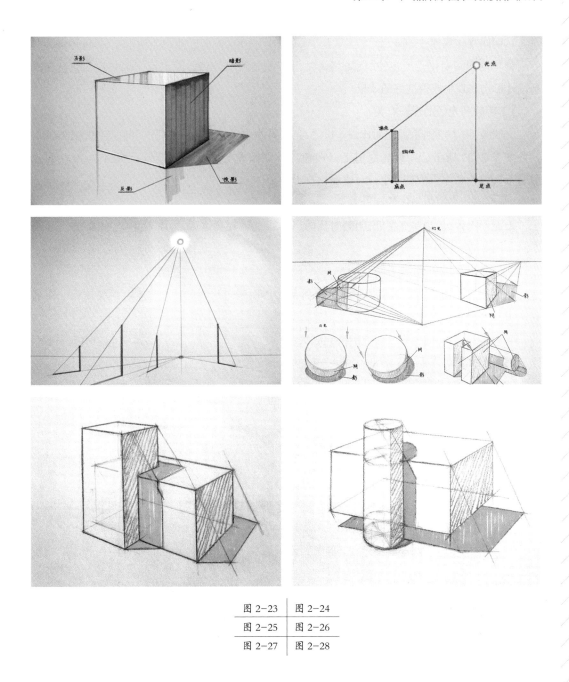

图 2-23	图 2-24
图 2-25	图 2-26
图 2-27	图 2-28

三、明暗的表现

　　运用明暗表现造型对象是绘画素描的一种形式，其中的明暗的表现对产品效果图的学习也具有应用价值。

　　明暗是物体受到光线照射时，产生的客观现象。物体的受光面为亮面，称之为明。物体的背光面，称之为暗。明暗是造型光感、立体感、空间感的表现要素。通常用光影素描训练明暗的表现效果，因此，明暗的表现也是应用于产品效果图表现技法的绘画常识。

1. 明暗变化规律

物体的明暗变化受到多种因素的影响，了解它的变化规律，并加以正确处理，就会在产品设计形态表现中获得良好的效果。

1）明暗与光线的强弱有关

光线强，物体亮度高，明暗对比强。反之，光线弱，物体亮度低，明暗对比弱（图2-29、图2-30）。

如图2-29所示，在强光照射下，白色球体明暗差异大，对比强烈。而图2-30在弱光照射下，白色球体明暗差异小，对比弱化。

2）明暗与光源距物体的远近有关

光源距物体远，物体亮度低，明暗对比弱。反之，光源距物体近，物体亮度高，明暗对比强（图2-31、图2-32）。

3）明暗与视距的远近有关

在同一光距条件下，观者距物体远，看到物体明暗对比弱。反之，观者距物体近，看到物体明暗对比强。

4）明暗与物体的色彩、材质的差异有关

（1）物体的色彩不同，明度不同，同样的光照在物体上，显示明暗对比的强弱也不同。

（2）物体的材质不同，吸收与反射光的程度也不同，同样的光照在不同质感的物体上，其表面的明暗强弱对比也不同（图2-33、图2-34）。

图 2-29	图 2-30
图 2-31	图 2-32

如图 2-33、图 2-34 所示，反光强的电镀旋钮与反光弱的黑色塑料旋钮在同样光照条件下，呈现的前者明暗对比强，后者明暗对比弱效果。

（3）明暗与光线的角度有关

A. 光线从物体的侧上方照射，即侧面光。主要面为亮面，次要面为暗面。这种光照角度，物体明暗对比强，体面分明，立体感充分（图 2-35）。

B. 光线从物体的后面或侧后面照射，即逆面光。主要面为暗面。物体明暗对比和光感较弱，具有神秘感（图 2-36）。

C. 光线向物体的迎面照射，即正面光。物体的主要面和次要面均为亮面，但明暗有所区别，画面显明快（图 2-37）。

2. 明度调子

物体在光的照射下，产生立体感和空间感，显现出不同的明暗层次，为了观察和表现，通常用不同深浅的明度调子表示物体受光与背光的关系。归纳起来为"三大面""五大调"。

1）三大面

物体的受光部，即亮面（白），次亮面（灰）。物体的背光部，即暗面（黑）（图 2-38）。

2）五大调

物体的受光部的亮面，称亮调子。次亮面，称灰调子。物体的背光面，最暗部位，称最暗调子（明暗交界线）。暗面，称暗调子。次暗面，称次暗调子（反光）（图 2-39）。

图 2-33	图 2-34
图 2-35	图 2-36

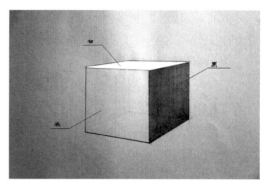
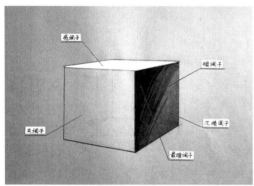
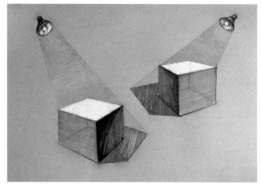

图 2-37 | 图 2-38
图 2-39 | 图 2-40

3. 明暗调子的表现

物体明暗调子的变化除以上原因，还与视角、形状、起伏等因素有关，所以必须在掌握明暗规律的基础上，概括出简便可行的处理方法。

1）确定常用的主光源

物体的明暗调子是由光线照射决定的。凭借主观预想描绘物体的光感，首先要设想主光源位于物体的侧上方，按照表现的需要，可以在左侧上方或右侧上方，一旦确定了主光源，就确定了物体明暗的表现关系及明暗调子的变化关系（图 2-40）。

2）平面明暗调子的表现

平面明暗调子的变化比较单纯，在同一平面上，受光量基本均匀，呈现明度差别很小的过渡。在面与面的转折的明暗交界线处，呈现明暗对比强烈的效果（图 2-41、图 2-42）。

3）曲面明暗调子的表现

曲面明暗调子的变化比较微妙，因为光线照射在曲面上，每段曲面都与光线成一定角度，所以，曲面明暗调子的层次变化十分丰富、柔和。明暗交界线处与明暗两面产生过渡、衔接，曲面越大，明暗变化越缓和，反之，曲面越小，明暗变化越明显（图 2-43）。

4）圆柱明暗调子的表现

圆柱明暗调子的表现在主光源投射角 45° 的状态下展开，圆柱的高光位置在其正投影约六分之二处，最暗部在其正投影约六分之一处，反光在暗部约四分之一处，这种圆柱明暗调子的分配，立体感较强（图2-44）。

5）凹凸明暗调子的表现

物体凹凸的明暗调子表现，必须在确定主光源的前提下，正确运用明暗规律，恰当描绘高光和阴影调子，就可以表现出物体凹凸与起伏的视觉效果（图2-45、图2-46）。

图 2-41	图 2-42
图 2-43	图 2-44
图 2-45	图 2-46

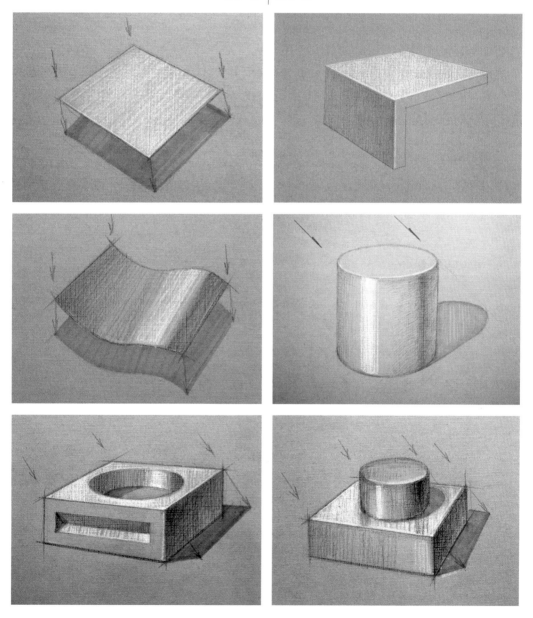

6）高光与轮廓线的表现

高光是物体表面受光最充足，最强烈，亮度最高的部位。而轮廓线是物体与空间（背景），物体与物体的界限。

（1）高光的表现

①平面与平面的转折处，高光表现为亮线（图2-47）。

②曲面的高光表现为亮带（图2-48）。

③球面与棱角高光表现为大、小的亮点（图2-49、图2-50）。

（2）轮廓线的表现

轮廓线的表现，可以将设计素描的线造型规律和方法加以运用。高光与轮廓线的表现，要依照主光源和明暗规律而定，受到光照的物体内、外轮廓呈现高光，背着光照的物体内、外轮廓呈现轮廓线（图2-51）。

4.明度调子的退晕表现

退晕指明度调子极细微的变化，是在同一平面中，制造由深到浅的明度调子，均匀过渡的效果，明度调子的退晕作用是表现视觉空间的距离感。根据人对距离、现象的认知规律，介绍明度调子的退晕表现效果如下：

| 图 2-47 | 图 2-48 |
| 图 2-49 | 图 2-50 |

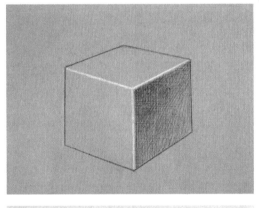
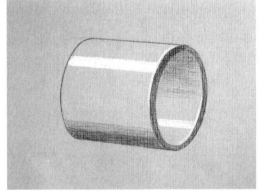
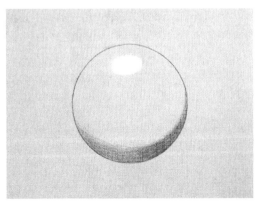

1）就距离而言，由近到远。

2）就现象而言，近处亮到远处灰，近处深到远处浅，近处实到远处虚。

3）就表现而言，根据由近到远的距离和现象，正确运用亮与灰，深与浅，实与虚的调子退晕表现，以满足人对视觉空间、距离感的要求（图2-52）。

总之，了解明暗变化的规律、明暗调子的构成以及明暗调子的表现，对运用明暗调子表现造型的立体感与空间感，提供有效的方法，用明暗调子也可以表现出相关的产品设计效果图（图2-53）。

四、色彩的应用

色彩是形态的表象特征，是形态绘画的表现要素，也是绘画及艺术设计表现的重要手段。了解色彩的基础知识，掌握色彩的表现规律，在产品效果图表现的过程中，运用主观色彩设计画面色调，表现产品造型效果。

1. 色彩的基础知识的简述

1）原色、间色、复色

（1）原色——指在颜料中，不能用其他颜色混合出的基本色彩，称为原色。颜料的三原色即：红、黄、蓝。

（2）间色——指在颜料中，两个原色混合出的色彩，称为间色。颜料的三间色即：红与黄混合出的橙、黄与蓝混合出的绿、红与蓝合出的紫（图2-54）。

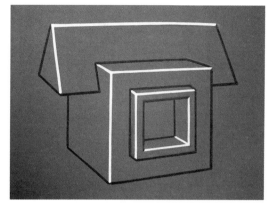

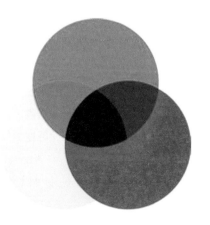

图 2-51
图 2-52
图 2-53
图 2-54

十二色相环

图 2-55

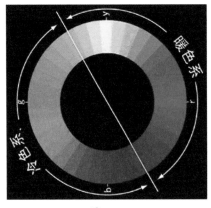

图 2-56

（3）复色——指在颜料中，三个原色或两个间色混合出的色彩，称为复色。如：红与绿、黄与紫、蓝与橙分别按一定比例混合出现黑灰色。任何两个间色按一定比例混合，也会出现比较灰暗的色彩（图 2-55）。

2）光源、光源色、标准光源

（1）光源——凡自行发光的物质，统称为光源。

（2）光源色——光源发出不同长短、强弱的光波，形成不同的色光，称为光源色。光源色对表现产品的光感与画面气氛影响很大。

（3）标准光源——一般指阳光（中午的阳光）为标准光源。产品效果图多以标准光源为表现造型的前提条件，因为在这种光照下，能反映产品色彩设计的本意。

3）物体色、环境色

（1）物体色——把本身不发光的色彩，称为物体色。物体色是在标准光源照射下，物体反射出的色彩印象。物体色在产品设计表现中，反映产品的表色概念。

（2）环境色——指环境色光的倾向。环境色在产品设计表现中，一般体现对产品表色的影响及阴影中反光的变化。

4）冷色与暖色

人对色彩冷与暖的联想是由生理和心理因素决定的。当人看到蓝、蓝绿、蓝紫色，会联想起蓝天、冰川，有清凉、冷酷之感。然而，当人看到红、橙、黄色，却联想起火焰、阳光，有热烈、温暖之感。且蓝、蓝绿、蓝紫色为冷色，而红、橙、黄色为暖色。色彩的冷暖关系是相对而言，在产品效果图表现中，色彩的冷暖关系，可体现画面的生动感（图 2-56）。

5）色彩的三要素

人感知每一个色彩，都有色相、明度、纯度三个基本属性，这就是色彩的三要素。

（1）色相——指色彩的相貌，是区别色彩的名称。如：红、橙色等区别与称谓。

（2）明度——指色彩的明暗程度。如：黄与紫，黄位于光谱的中央，是高明度的亮色。紫位于光谱的边缘，是低明度的暗色。

（3）纯度——指色彩的鲜灰程度。如:在光谱色中,红的光波最长,纯度最高,色彩最鲜艳。而在光谱色中,紫的光波最短,纯度最低,色彩相对最灰暗。

就色彩的单一要素而言，在产品造型设计表现中，色相可以表达产品的表色。明度可以表达产品的量感、立体感。纯度可以表达产品色彩的鲜灰变化。色彩三要素的变化是色彩关系组合的基础。

6）色调

色调——指画面色彩结构的总体印象，称为色调，也称为基调。以色彩三要素的变化、组合，可导致不同的画面色调。如：就产品效果图画面基调而言，称冷调子（图 2-57），暖调子（图 2-58），亮调子（图 2-59），暗调子（图 2-60），鲜调子（图 2-61），灰调子（图 2-62）。

图 2-57	图 2-58
图 2-59	图 2-60
图 2-61	图 2-62

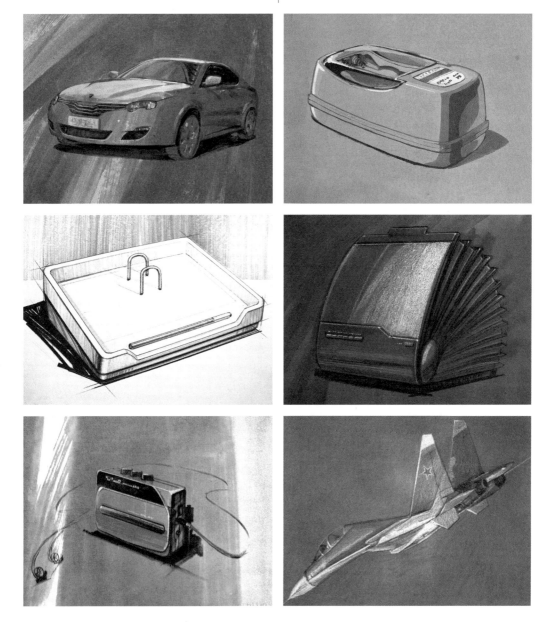

2. 画面的色彩应用

1）画面的色彩对比

色彩对比——当两种或两种以上的色彩放在一起，由于相互影响的作用，显示出差别的现象，称为色彩对比。

产品效果图画面的色彩对比包括：色相对比、明度对比、纯度对比。其特点是：差别明显，相互衬托的对比关系。

（1）色相对比——将不同的颜色并置，在比较中呈现色相差异，称为色相对比。效果图的色彩画面是围绕产品的色彩设计的，根据表现的目的性，考虑色相搭配，依照色相环上各色相的差别关系，确定不同的色相对比调子。

在十二色相环上，按色相间夹角度数的大小，决定色相对比的强弱。色相间，相距5°左右为同一色。相距30°左右为类似色。相距60°左右为邻近色。相距120°为对比色。相距180°为正补色。由此可见，色相间距越近，色相差越小，色相对比越弱。相反，色相间距越远，色相差越大，色相对比越强。

如：选择十二色相环上的绿色为主色，与它的同一色相差极小，色相对比微弱，在产品效果图的画面中表现为同一色的深浅对比，色彩显单纯（图2-63）。

紫色的类似色相（蓝紫色）的色相差小，色相对比弱，在产品效果图画面中，色相对比含蓄，色彩显统一（图2-64）。

绿色与它的邻近色相（黄色）两色相既有联系又表现一定的色相差，在产品效果图画面的色相对比中，显现出统一中求变化。但也属于色相的弱对比（图2-65）。

如：选择十二色相环上的黄色为主色，与它的对比色相（蓝色）表现为强差（图2-66）。

如：选择十二色相环上的红色为主色，与它的对比色相（黄色）表现为强差，在产品效果图画面中，色彩显鲜明（图2-67）。

再如：红色与它的互补色相（绿色）的差极强。在产品效果图画面中，色彩显刺激、夺目（图2-68）。

在产品效果图表现中，色相对比的强弱，可以表现不同特点的产品造型效果。

（2）明度对比——将不同深浅的颜色并置，经比较呈现明度差别，称为明度对比。

图2-63

图2-64

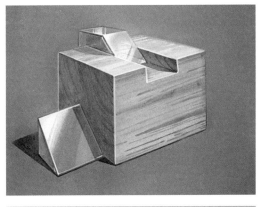 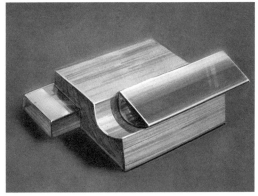

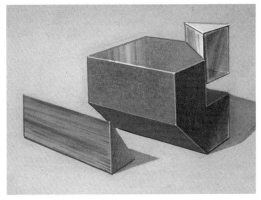 

图 2-65	图 2-66
图 2-67	图 2-68

　　产品效果图色彩的画面，都有与其等同的深浅关系，即同明度关系，起到色彩骨骼的重要作用。色彩明度对比能表达色彩的层次，表现产品造型的立体感和空间感，创设响亮与低沉的画面色调。明度调子还具有独立表现画面的能力。

　　明度对比色调以背景为基调与图形色明度差构成：高短调、高中调、高长调、中短调、中中调、中长调、低短调、低中调、低长调九种明度对比关系，下面介绍几种常用于产品设计表现画面的明度对比色调。

　　① 暗背景衬托亮物体（低长调），画面效果强烈（图 2-69）。

　　② 亮背景衬托暗物体（高长调），画面效果直观（图 2-70）。

　　③ 灰背景衬托明暗对比强的物体（中长调），画面层次分明（图 2-71）。

　　④ 亮背景衬托亮物体（高短调），画面效果明媚、含蓄（图 2-72）。

　　⑤ 暗背景衬托暗物体（低短调），画面效果低沉、神秘（图 2-73）。

　　⑥ 背景与物体明暗相间（中中调）画面效果丰富（图 2-74）。

　　（3）纯度对比——将不同鲜灰的颜色并置，经比较呈现纯度差别，称为纯度对比。纯度对比结果是高纯度色更鲜艳，低纯度色更灰暗。

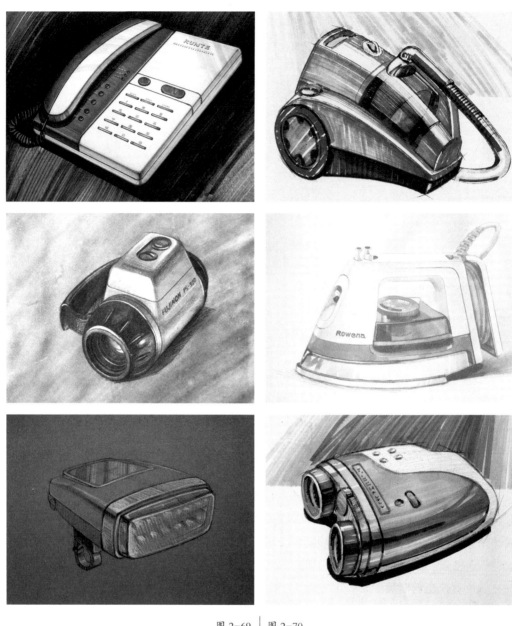

图 2-69 | 图 2-70
图 2-71 | 图 2-72
图 2-73 | 图 2-74

在产品设计表现画面中，一般来说，高纯度色的面积要小于低纯度色的面积，这样，能起到整体稳定，局部活跃的鲜灰对比作用。如：组合功能台灯上红色开关的搭配（图 2-75）。

另外，纯度对比还可以表现空间感：近、实用高纯度色表现，远、虚用低纯度色表现。在同色相的前提下，纯红与灰红，前者鲜艳，视感强，有前进感；相对后者灰暗，视感弱，有后退感。如：红色小轿车车身前端亮部的鲜红色与暗部暗灰红色形成空间转折。在不同色相的前提下，纯红与灰绿，相对前者鲜而暖视感强，有前进感；后者冷而灰，视感弱，有后退感。如：红色的车体与灰绿的背景搭配画面效果（图2-76）。

除以上色相、纯度、明度三种主要的对比形式外，还有影响画面色彩对比的因素：即与色彩的面积、色彩的形状、色彩的位置、色彩的肌理有关。如果画面对比色面积接近；对比色形状简洁；对比色呈衬托关系；对比色的肌理不同；则色彩对比强。这些因素在产品设计画面表现的对比色调中，随时影响着色彩对比效果。

总之，调动一切色彩差别因素，使产品形态的表现更醒目，更突出，更有视觉冲击力。对比是色彩造型表现的基本法则。

2）画面的色彩调和

色彩调和——当两种或两种以上的色彩形成平衡、秩序的统一，使人的视觉和心理产生美感，这样的色彩搭配，称为色彩调和。

运用色彩调和表现画面色调，必须按照一定的设计目的，正确把握色彩的对比关系，达到画面色调和谐统一。就产品效果图画面色彩搭配而言，决定画面色彩调和有以下两个重要方面。

（1）画面的统调

画面的色调，一般以大面积色彩为画面的基调，以此控制整体色彩的倾向与变化。还可以将画面的各色中，混入同一色相，使画面各色向混入色靠拢，以此达到画面的统调（图2-77）。

在产品设计画面中，常用与产品物体色的类似色表现背景，在背景色的基础上勾画造型，使画面色调具有统一感（图2-78）。

另外，可以将背景色与产品的某个面的色彩相结合，形成画面主色调，再将该产品的其他面加以明度与冷暖变化，也可以形成画面的

图 2-75

图 2-76

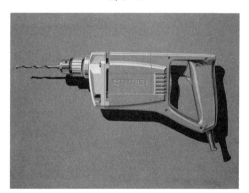

图 2-77

图 2-78

统调（图 2-79）。

（2）色彩的联系

在画面中，各种色彩相互联系，同一色之间有融合关系，类似色有亲和关系，邻近色有相接关系，它们都可以起到呼应的作用（图 2-80）。

如果，用一种色彩在画面的不同位置重复出现，或将这一色点缀在与它相对比的色彩上，也能起到联系的作用，获得画面的统一感（图 2-81）。

再如，用线条勾勒色彩造型，使色彩之间达到一定程度的连贯，也能够使色彩效果和谐统一（图 2-82）。

总之，产品设计画面中，色彩的一致性关系和共有因素越多，色调的调和感越强。调和是处理造型色彩画面协调关系的基本手段。

3）物体的色彩处理

产品效果图注重于产品色彩设计的表现，也就是说产品在标准光源照射下，色彩相貌给观者留下的印象，切勿失真，造成歧义，因此，要遵照在光照影响下色彩变化的规律，进行分析处理，才能将物体的立体感、空间感、色彩感表达的真切生动。

图 2-79	图 2-80
图 2-81	图 2-82

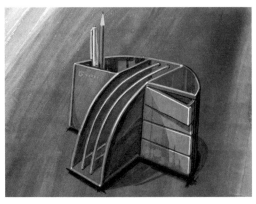

当物体在光线照射下，由于立体的构造，表面色彩发生了明暗变化，物体亮面，色彩变浅并增多了光源色的成分。次亮面，以物体表色为主，略带光源色的倾向。而暗面，色彩变深，并带有光源色的补色成分。究其现象是色彩明度和冷暖的变化形成的对比关系。

接下来介绍，单色几何体在右上方标准光源（阳光）照射条件下，物体色彩处理的方法：

（1）红色立方体（图2-83）

立方体亮面色彩：光源色（暖色）+物体色=亮的暖红色

立方体次亮面色彩：物体色+光源色（暖色）=偏暖红色

立方体高光：光源色（日光的色彩色）

立方体暗面色彩：物体色（低明度）+环境色+光源色的补色=偏冷的深红色

（2）淡蓝色球体（图2-84）

球体亮面色彩：光源色（暖色）+物体色=亮而暖的淡蓝色

球体次亮面色彩：物体色+光源色（暖色）偏暖的淡蓝色

球体高光：光源色（日光的色彩）

球体暗面色彩：物体色（低明度）+环境色+光源色的补色=偏冷偏深的蓝紫色

4）画面的色彩感觉表现

画面的色彩感觉，直接关系到画面的表现力。相对产品设计表现而言，画面的色彩感觉，也关系到对观者的启发效果。要使色彩画面具有感染力，并能引起观者的共鸣，就必须了解人的生理与心理的共通性，掌握色彩感情的规律性，结合产品设计表现的内容需要，创造理想的色彩画面。

（1）画面色彩的冷、暖感觉表现

画面色彩的冷、暖感觉表现，一般根据产品的设计个性、使用特点而定。如：表现凉爽、理性、精密等特点的现代产品，用冷色调；相反表现温暖、亲切、力量等特点的产品，用暖色调（图2-85、图2-86）。

（2）画面色彩的轻、重感觉表现

画面色彩的轻、重感觉表现，一般根据人对产品重量视觉及心理感受而定。如：表现轻盈的、

图2-83

图2-84

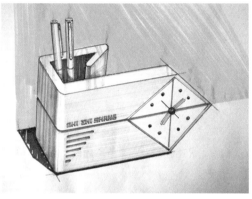

图 2-85	图 2-86
图 2-87	图 2-88
图 2-89	图 2-90

轻质的、轻飘等特点的产品，用高明度色调。相反，表现沉重的、重量的、重力等特点的产品，用低明度色调（图 2-87、图 2-88）。

（3）画面色彩的软、硬感觉表现

画面色彩的软、硬感觉表现，一般根据人对产品的触觉感受经验而定。如：表现柔软的、蓬松等特点的产品，用高明度、低纯度的色调。相反，表现生硬的、坚硬等特点的产品，用低明度、低纯度的色调（图 2-89、图 2-90）。

（4）画面色彩的华丽、朴实感觉表现

画面色彩的华丽、朴实感觉表现，一般根据人对产品整体感觉的认知而定。如：表现高贵、华丽特点的产品，用高纯度、高明度、对比强的色调。相反，表现大众、朴实特点的产品，用纯度较低、中明度的色调（图 2-91、图 2-92）。

（5）画面色彩的空间感觉表现

画面色彩的空间感觉，就其方法而言，即色彩的退晕。表现画面色彩的空间感与色彩三要素的对比有关：

（1）色彩的明度对比强，有前进感。色彩的明度对比弱，有后退感。

（2）暖色有前进感，冷色有后退感。

（3）高纯度色有前进感。低纯度色，有后退感。

（4）高明度、高纯度的暖色，有前进感。低明度、低纯度的冷色，有后退感。

图 2-91

五、质感的分析表现

质感是指在光照的条件下，人通过视觉和触觉对各种材料的粗细、光泽、轻重、软硬、温度等表面特征进行体验和识别，从而得到不同感受。运用绘画方法把人对不同材料的视觉感受描绘出来，这就是质感的表现。表现产品的质感是产品造型设计表现的视觉要素，也是产品效果图表现设计内容之一。

图 2-92

1. 质感的分类

产品是运用材料加工制成的物品，其表面质感反映了设计与工艺水平。产品成型材料的种类很多、加工方法各有不同，因此，产品表面的质感也千差万别，这是因为不同材料表面肌理在受光后，对光吸收与反射程度的不同，而引起的不同质的视觉感受也不同。如果将千差万别的材料按照它们受光后的反射现象（全反射、透射或半透射、扩散反射现象）进行归纳分类，大致归纳为四种类型：

1）反射光而不透光类的材料——常见的材料如：金属、电镀、水银镜面、经过抛光的有色金属、陶瓷、油漆、不透明塑料等。

2）反射光而透光类的材料——常见的材料如：玻璃、透明或半透明塑料等。

3）散射光而不透光类的材料——常见的材料如：橡胶、呢绒面料、帆布、未经油饰的木材、未经磨制的石料等。

4）散射光而半透光类的材料——常见的材料如：磨砂玻璃、纱巾以及各种材料的网状织物等。

2. 质感的表现

通过对以上四种类型的材料大致归纳，可以从中选择具有代表性的材质，抓住其受光后的特征进行研究表现，从中获得规律性的方法。

1）金属质感的表现

经过加工的金属材料，表面光洁度高，在光的照射下，产生具有强烈反光和高光的金属质感效果。

在表现金属质感时，针对金属材料表面的高光（光源色）、反光（环境色）、明暗反差的力度以及不同金属材料的色调（如：铝、铜、不锈钢、镀铬等）特点加以描绘，要善于概括琐碎的明暗层次，一般将金属表色视为中明度的基调，根据其反光强度和面积、位置、形状提亮几个不同层次的反光，同时，施加暗部颜色和环境反光，最后，在金属最强反光处点画高光，在金属的背光处，加重明暗交界线。表现金属质感的明度强对比关系，往往中、长调较为见效。以依照金属材料的形体、起伏的特征，控制行笔方向，用笔肯定，笔触明确，强调金属材料清晰的转折和棱角，表现其质地的光滑和坚硬（图 2-93）。

2）塑料质感的表现

经过成型加工的不透明塑料，其表面有硬质、光滑的效果，相比金属质感，塑料的高光和反光较弱一些，尤其是不透明的塑料往往以某种颜色的面貌出现，因此，其明暗层次较为均匀柔和，反光受环境影响很大，塑料的亮部表色略有变化。另外，塑料的表面除了受到主光源的照射外，还可能受到一些辅助光源的影响，如亮部出现的倒影光就是塑料表面的一种反光。在表现塑料质感时，要注意塑料表色在光源照射下，明暗及色彩关系的变化，要运用过渡的色调描绘其表面油光、润泽的反光效果，明暗交界线与暗部色调及环境色反光的衔接要含蓄、自然。针对不同形体的塑料，准确点画其高光的形状与位置也是表现塑料质感的精彩之处。与不透明塑料反射现象相近的陶瓷、油漆等材料质感的描绘，也可参照此方法略加变化，进行表现（图 2-94）。

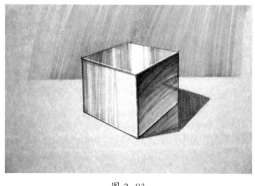

图 2-93   图 2-94

3）透明质感的表现

无色与有色的玻璃、透明塑料之类的透明体，在光的照射下，呈现出既反光又透明的特征。透明体的表面光洁度高，亮面反光强烈，暗部透明可见。在背景和环境的衬托下，透明体略微显深，半透明体则略微显浅，这是由光的透射与反射所致。透明体的色调是由其背景和环境决定的，如果透明体自身有某颜色，则在背景和环境的基础之上，偏向其自身的颜色。

在表现透明质感时，通常要先画出背景和被透明体覆盖的部分形体与结构，接着根据其形体特征，运用恰当的笔触和线条，在透明体表面的亮部和暗部分别点画高光与反光，最后，按照透明体的明暗关系，用与背景色相类似的不同明度深线，准确、清晰勾画透明体的转折、轮廓，另外，勾线还可以表现玻璃板材的厚度轮廓（图 2-95）。

4）木材质感的表现

树木经过加工成为板材或块材，表面平整，纹理精致，未经油饰，在光的照射下，色彩柔和，变化自然，明暗清楚，无强烈高光；若其表面经清漆的涂饰，则其表面在光的照射下，会产生一定的反光和高光，但其强度比金属和玻璃材质要弱得多。

在表现木材质感时，要明确表现哪一种树木的材质，一般来说，质硬的木材，表色显深，木纹细而紧密，量感显重。相对质软的木材，表色显浅，木纹粗而稀松，量感显轻。根据这些差别，应首先确定木材的色调，在此基调上略施色彩变化（木材自身色彩或环境色影响的变化）。接着，抓住该木材的纹理特征和生长规律，用比该木材基调色深一些的类似色描绘木纹，要注意木纹在木材表面的分布、层次、粗细、虚实和在光线变化时，木纹的浓淡。由于表现的角度，木材的纹理也要反映透视变化，木材上木纹面与年轮面的纹理要注意区别。表现木材质感要把握其色调的整体关系，明暗对比及暗部反光的隐约变化。画木材亮面和次亮面上的木纹要清晰可见，画暗部的纹理要含蓄隐晦。还可以根据需要重点地刻画木纹的棕眼、木结，木纹与年轮在转折处形成的对应和联系等细微之处，用笔精湛、富于变化，会收到十分自然、真实的木材质感效果（图 2-96）。

5）人造肌理的表现

人造肌理是指将金属、玻璃、塑料、陶瓷、橡胶、皮革等材料根据产品造型设计的需要，

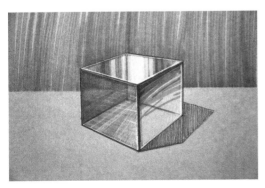

图 2-95

图 2-96

图 2-97

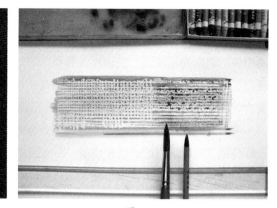

图 2-98

对材料的二次加工而形成的人工肌理，也包括编织物所形成纹理。人造肌理的表面，有的粗，有的细，有的明显，有的含蓄，这使其反光的能力降低，高光和反光都趋于柔和。

在表现人造肌理时，上色要均匀，用笔要含蓄，要突出人造肌理的形式特点，加以提炼，可采用某种特技的方法，因地制宜加以表现。如拓印法是表现肌理的有效方法，即在画面上，选定表现部位与形状，再将所需肌理的材料垫至图纸的背后，然后用彩色铅笔或彩色粉笔在画面选定部位涂色，这样可拓印出较好的肌理效果（图 2-97）。

再如，油水分离法是表现编织物的有效方法。即在画面所需表现的部位，先用削尖的油画棒或蜡笔画出织物的纹样，再用水性颜料进行平涂，由于织物纹样被油画棒或蜡笔封闭，遇到水性颜料，发生分离，便会显现出彩色的编织物的效果（图 2-98）。

第四节　画面构图的处理

构图是根据表现的需要，恰当地处理画面与其形态配置关系的整体组织形式。所谓"经营位置"就是指画面的构图，它是绘画者表现思想的体现。在产品效果图表现中，不论表现单件产品，还是组合产品，画面都是一个限定的空间，如何容纳并突出产品形象，使画面布局均衡、合理，具有整体美感是构图需要解决的主要问题，也关系到产品效果图表现画面的成败，创造新颖的视觉画面表现形式，是传达完美设计效果的必要条件。

从根本上说，理想的构图，必须符合人们对画面与形态的心理力感平衡的要求，在运用对称与均衡，对比与统一等形式法则的同时，研究这些法则，构成画面的形式对人视觉和心理的影响，处理好由画面构成要素（形态的形状、大小、距离、角度、空间以及色彩），满足观者对画面完美构成形式的要求，以下介绍画面构图处理的几个基本问题。

一、画面落幅

画面落幅是指确定画面的幅式。在这里，画面的幅式一般按照表现产品造型的不同状态而设置，大致分为横幅、竖幅、方幅三种幅式。

1. 横幅：是指将长方形的画面横卧使用的幅式，这种幅式适合于容纳横长造型的产品，可以表达此类造型的流畅和横向的动势，给人以协调、伸展之美。如描绘汽车、电熨斗等有横向动势的产品造型（图 2-99）。

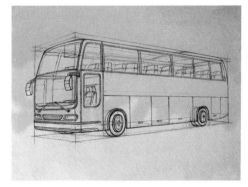

图 2-99

2. 竖幅：是指将长方形的画面竖立使用的幅式，这种幅式适合于容纳纵高造型的产品，可以表达此类造型的挺拔和纵向的动势，给人以和谐、秀丽之美。如描绘瓶型、电冰箱等类型的产品造型（图 2-100）。

3. 方幅：是指边长相等的方形画面的幅式，这种幅式适合于容纳球体、方体等团积感造型的产品，可以表达此类造型的凝重和稳定，给人以集中、鲜明之美。如描绘文件架、闹钟、头盔等类型的产品造型（图 2-101）。

以上三种幅式选择，除考虑产品造型因素外，还要考虑因表现产品的某种角度带来的变化，而相应确定画幅。

二、造型位置

当画幅确定之后，造型在画面上的位置对人的视觉与心理产生直接影响。

1. 造型在画面偏上的位置，给人以轻巧、飘逸的感觉。

2. 造型在画面偏下的位置，给人以稳定、压抑的感觉。

3. 造型在画面偏左的位置，给人以轻松、流动的感觉。

4. 造型在画面偏右的位置，给人以紧张、固定的感觉。

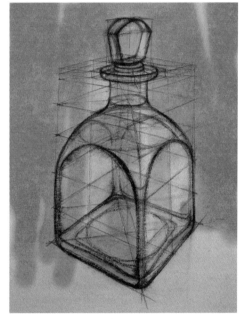

图 2-100

造型在画面中的位置，还与视觉中心有关。画面视觉中心是根据人们的视觉习惯，目测到的略高于画面对角线交叉点上的一点，视觉中心对于确定画面表现重点以及平衡关系起着重要的参照作用。

按照一般经验，造型在画面中的定位，不

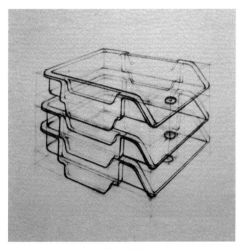

图 2-101

图 2-102

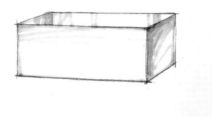

图 2-103

图 2-104

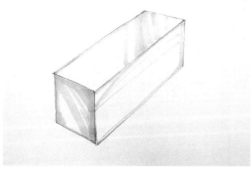

图 2-105

要过于偏上或偏下，偏左或偏右。造型如果位于画面的正中，也显得有些呆板，通常较为适当的画面空间位置是：造型朝向的空间比背对的空间略大一点，造型上方的空间比下方的空间也略大一点，这样符合人们的观赏要求（图 2-102）。

另外，造型位置的确定，要以画面布局的平衡为原则。画面平衡，主要指构成画面要素分布达到视觉力的平衡（如形状、大小、比例、色彩、肌理等）。在画面中，要将造型主体的、大面积的、色彩鲜明的、材质精湛的部分安排在靠近画面中心线的位置上，其余非主体的、小面积的、色彩含灰的、材质变化不明显的部分布局于远离画面中心线的位置上，由于造型主体接近画面中心，产生了画面视觉力感的平衡，所以，表现出画面布局的美感。

三、造型方向

产品造型因其具有操作、使用功能，所以显示出其不同的运动及力的方向。在二维画面中，表现不同造型的运动方向，同时也相应获得不同画面构图的感知结果。

1. 造型在画面中，呈现水平运动方向，给人以平稳、流畅的感觉（图 2-103）。

2. 造型在画面中，呈现垂直运动方向，给人以固定的感觉（图 2-104）。

3. 造型在画面中，呈现左下右上的运动方向，给人以顺畅、抒情的感觉（图 2-105）。

4. 造型在画面中，呈现左上右下的运动方向，给人以动荡、抵触的感觉（图 2-106）。

四、造型角度

在二维的画面中，所描绘的造型不可能面面俱到，因此，要根据造型设计的表现意图，突出重点，选择最佳造型角度，充分展

图 2-106	图 2-107
图 2-108	图 2-109

现造型的整体状态，功能布局，结构关系，材料搭配，色彩变化以及操作、运动等信息，使画面构图体现设计表现的说明性。

1. 产品设计信息重点分布在造型的顶面，则在画面中，体现顶面为主的俯视角度（图2-107）。

2. 产品设计信息重点分布在造型的正立面，则在画面中，体现正立面为主的一点透视角度（图2-108）。

3. 产品设计信息重点分布在造型的两侧立面，则在画面中，体现两侧立面为主的两点透视角度（图2-109）。

4. 产品设计信息分布在造型的顶面、正立面、侧立面，则在画面中，要按照表现重点，体现一面为主、其他两面为辅的两点透视角度（图2-110）。

5. 用投影法可以按照造型设计的表现意图，体现产品信息的三到六个面（图2-111）。

五、画面容量

画面是个有限的二维空间，造型在其内的布局，必然产生其大小与周围空间的比例关系问题，若造型过大，显得画面胀满、阻塞空间，失去空间感；若画面空白过大，又显得造型渺小，

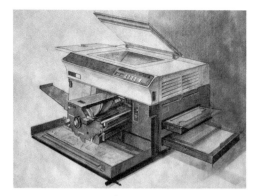

图 2-110

图 2-111

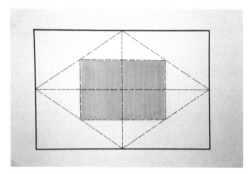

图 2-112

图 2-113

使画面空旷，失去丰满感。

确定造型与画面空间的比例关系，既要凭借感觉经验的判断，又要利用画面辅助线控制造型在画面中的大小。即：将画面四边的中点做连线呈菱形，然后，再将菱形四边的中点做连线成四边形，这个四边形的面积大致就是造型占画面空间面积的总和。当然，这只是一种确定造型与画面空间比例的参考方法（图2-112）。

第五节　产品背景的处理

产品设计效果图的画面是由产品形象和背景组合而成，产品置身于环境背景之中，受其衬托和影响，使画面主体突出，层次分明，气氛生动，独具设计的表现力，艺术的感染力。产品背景的处理，大致分为具象和抽象两种形式：具象背景一般处理成与产品相关的具体画面作为衬托，而抽象背景一般处理成与产品相关的色彩肌理（平涂与非平涂两种形式）作为衬托。背景虽然不是画面表现的决定因素，但是，背景是表现画面整体效果的关键因素，处理好产品与背景的关系，要注意以下几个问题。

1. 在产品设计效果图的画面中，若产品形象采用具象背景衬托，其背景内容要反映一定的产品设计与使用信息，方法要概括，表现要简练，色彩要单纯，不要喧宾夺主。如旅行大客车被蓝天、白云、沙滩衬托，表现了旅行车高大、强劲的特点（图2-113）。

2. 在产品设计效果图的画面中，若产品形象采用抽象背景衬托，选择某种形式的色彩肌理要与所表现产品具有某种联系，通过抽象背景营造产品环境，从而引导观者对产品特点的某种联想。如工程车用黄色的笔痕做背景，让人联想到工程车强劲的马力和作业状态（图2-114）。

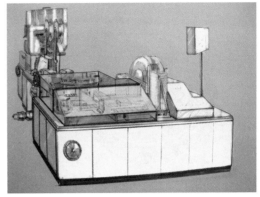

图 2-114	图 2-115
图 2-116	图 2-117

3. 在产品设计效果图的画面中，若产品形象丰富、富于变化，则背景的处理要平整、含蓄，一般采用平涂底色或底色渐变的方法，这样，画面形成以简托繁的对比关系。如机床设备造型复杂需要平整低纯度背景相衬，使主体形象更突出（图 2-115）。

4. 在产品设计效果图的画面中，若产品形象简洁、端庄，则背景的处理要较为轻松、活跃，一般采用非平涂的方法（如带有色彩变化的笔触或肌理）。如扁长方体的暖灰色印盒，造型简洁平整，用活泼的红色和具有动势的笔触做背景衬托，使画面彰显稳定而不呆板，增加了画面的生动感（图 2-116）。

5. 在产品设计效果图的画面中，若产品形象属线造型或框架造型风格时，则背景的笔触和色彩的变化不宜过多，以免使产品形象与背景相混淆。如黑框眼镜的造型线条简括明确，在灰绿色背景的映衬下，画面显得优雅、清晰（图 2-117）。

6. 在产品设计效果图的画面中，背景的笔触不要与产品形象主要的面呈平行关系，以免对产品形象造成压迫感。一般将背景的笔触与产品形象主要的面呈一定的相向角度，这样，既烘托了产品形象，又表现出产品形象的动势。如黑、红色相间的电话造型，其背景是自上而下的放射形笔触表现了造型的光感，同时，该背景营造了造型的纵深动势（图 2-118）。

图 2-118

总之，画面背景的处理要以烘托表现产品设计效果为基本原则，使用什么样的背景，应根据产品表现效果而设计，要"意在笔先"，"恰到好处"。

本章小结：本章从应用的角度对与产品效果图表现相关的透视常识、投影常识、基础绘画知识；画面构图处理；产品背景处理展开了介绍，由此可见，对效果图表现技法的学习是建立在对以往基础知识、基本技能之上的，"温故而知新"才能使学习与实践活动得到提高。

[思考与练习题]

1. 学习产品设计表现技法，需要了解哪些相关知识?

2. 进行几何体设计素描的习作练习。

3. 进行几何体的光影、质感的色彩习作练习。

第三章　产品效果图表现技法的介绍

第一节　工具、材料的用途与效果

　　产品效果图表现技法所采用的工具与材料是绘制产品效果图的物质基础和必备条件。根据不同的表现技法的需要，正确使用工具和选择材料，也是产品效果图表现技法学习、训练的重要内容，只有在了解绘制工具与表现材料的性能、用途和效果的前提下，才能有效地进行产品效果图技法的实训，并且，在绘画的实践过程中，体验工具与材料的优势，从中获得感悟，积累表现经验。

一、必备工具

　　1. 笔类：

　　1）绘图铅笔（HB~8B），硬度不同，深浅也不同。即使同一支笔，随着用力的大小，也可出现明度的变化。不同硬度的绘图铅笔，其用途各异，起线稿可用偏硬一些的铅笔，若复线，涂光影调子可用偏软一些的铅笔（图 3-1）。

　　2）炭铅笔、炭精棒、木炭条均为同类材料，相对质地软、硬有别，是起线稿、涂暗调子的理想工具，其效果浓重、醒目、强烈、易于变化，可配和纸笔使用，虽然涂擦方便，但其易脱落，画后需喷定画液固定（图 3-2）。

　　3）彩色铅笔，硬度适中，彩芯分水溶性和非水溶性两种，水溶性彩色铅笔，涂色后，用毛笔蘸水晕色，可出现晕染效果。非水溶性彩色铅笔，可均匀涂色，也可进行过渡涂色，其效果细腻、自然。彩色铅笔在产品设计表现中，用于勾线或着色，其单独使用，可成为一种方法，也可以用在其他技法中，辅助使用，能得到很好的效果（图 3-3）。

　　4）彩色粉笔，质地松软，易画线易涂色，在表现大面积色调时，可用脱脂棉蘸彩色粉笔末涂擦，此法可表现色块的均匀、细腻，也可表现色块的自然过渡的效果。彩色粉笔在产品设计表现中，单独使用，可成为一种方法，也可以辅助其他技法使用，能得到很好的效果（图3-4）。

图 3-1　　　　　　　　　　　　　　　　　　　图 3-2

图 3-3	图 3-4
图 3-5	图 3-6

5）彩色蜡笔，蜡质色棒，可勾画涂色，手感滑腻，用于画面的色彩的特效制作（图 3-5）。

6）钢笔、针管笔、签字笔、蘸水笔、圆珠笔等，其笔锋尖细，色彩均匀、浓重，在产品设计表现中，用于勾线和描绘细部（图 3-6）。

7）记号笔（马克笔）、马克笔喷灌，有油性和水性两种，一般绘图勾线、着色多用油性笔，其笔锋分粗细两端，粗则着色，细则勾线。行笔快，色彩润泽；行笔慢，笔触清晰。但重叠次数多，色彩的纯度、透明度都产生变化，同时也会出现色彩的浸润现象。马克笔喷灌，大多用于喷涂色面，着色后，干燥较快（图 3-7）。

8）白云笔、叶筋笔、衣纹笔。其中白云笔，分大、中、小三种规格，其笔锋外围羊毫内裹狼毫，柔韧性和含水率俱佳，在画图中，易勾、易点、易涂、易染，三种规格的白云笔，可根据画面表现部位的需要，选择使用。叶筋笔、衣纹笔都属于勾线笔，其笔锋由狼毫制成，尖挺而有弹性，含水率较羊毫笔次之，在画图中，专供于勾线、刻画细部、点画标识、文字用（图 3-8）。

9）水彩笔、水粉笔

水彩笔，分若干型号，绘图用扁锋齐头或尖头类型的笔，由于笔锋由羊毫制作，柔软含水率高，在画图中，多借助于水分充足的颜料渲染造型或表现背景气氛。

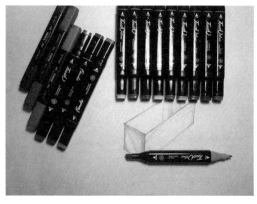

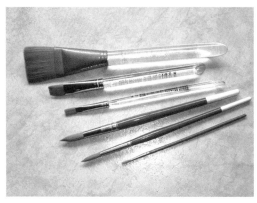

| 图 3-7 | 图 3-8 |
| 图 3-9 | 图 3-10 |

水粉笔，分若干型号，绘图多用扁锋齐头类型的笔，其笔锋由羊毫与狼毫混合制成，柔韧性和含水率俱佳，在画图中，借助水粉颜料，水分小，干画见笔触；水分大，湿画可渲染。水粉笔在造型刻画与背景表现上，干、湿变换，适用性强（图 3-9）。

10）板刷

板刷，宽、窄分若干型号，又分羊毛和鬃毛（鬃毛、尼龙丝）两种类型。

羊毛板刷，柔软含水率高，在画图中，借助水性颜料，进行大面积的平涂或涂饰过渡效果的背景色。另外，羊毛板刷还可用于裱纸。

鬃毛板刷，弹性好，使用有力度感，含水率较羊毛板刷次之，在画图中，借助水粉颜料，可干湿变换，最适用涂刷具有笔触变化的背景效果。

这两种板刷的型号选择，可视其表现画面的大、小需要而定（图 3-10）。

2. 绘图工具类：

1）在画产品效果图中，直尺、三角板、丁字尺，用于画直线，画垂直线，画平行线。半圆仪，用于测量、确定某种所需角度。椭圆模板，用于勾画透视圆。云形板、蛇型尺，用于勾画各种变化的造型曲线（图 3-11）。

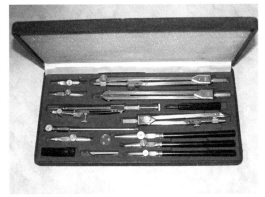
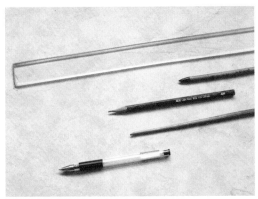

图 3-11	图 3-12
图 3-13	图 3-14

2）在画图中圆规用于画正圆、画弧线。直线笔，借助直尺或曲线板画带颜色直线或弧线。圆规与鸭嘴笔结合，可以画带颜色的圆（图 3-12）。

3. 自制工具类

1）界尺与支撑笔

界尺，即在直尺的一边有凹下的通槽，因此俗称槽尺。槽尺，在画图中，是一件非常重要的自制工具，依靠它可以用毛笔画出粗、细各异的笔直色线，依靠它也可以用毛笔渲染出均匀的色面。现在槽尺的制作比较方便，可以用两把 500mm 长的有机玻璃直尺粘合而成。做法如下：首先，在第一把直尺的表面，距刻度 5mm 处，顺尺横向粘贴双面胶带，再将第二把直尺与第一把直尺平行摞叠在双面胶带处固定，这样，粘合后的直尺，两边各有一条 5mm 的凹槽，使用起来非常方便。

支撑笔是与槽尺配套的辅助工具，操作者同时手握支撑笔和毛笔，支撑笔撑靠槽尺的凹槽滑行，带动毛笔画出色线或色面。支撑笔可自制也可由硬铅笔或无色的圆珠笔等代替，如自制可用笔杆儿粗细、长短不一的有机玻璃棒，将一端磨成笔尖状，要尖而圆滑，这样在槽尺上滑动才能顺畅（图 3-13、图 3-14）。

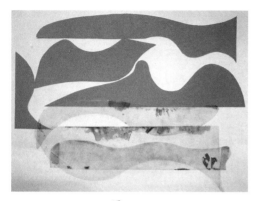

图 3-15

图 3-16

图 3-17

图 3-18

2）遮挡片

遮挡片一般常在喷或涂异型色块或涂彩色粉笔时，用于封闭画面不需要喷或涂的部分。材料一般选择透明的涤纶薄膜或薄卡纸作为片材，按照画面需要遮挡的形状，用剪或刻的方法成型即可（图 3-15）。

二、专用设备与其他辅助工具

1. 专用设备

喷笔与气泵是用于喷绘产品效果图的专用工具及设备。

1）喷笔，现多使用双控式喷笔，其特点是可控制气流和色量，对表现颜色的粗细、浓淡、均匀都有很好的保证，喷笔的品牌、型号各异，可酌情选用。

2）气泵，分膜片式与活塞式两种，膜片式，体积小，重量轻，无噪声，无自动开闭阀，有自动溢气装置，在喷笔不工作的情况下，自动放气。活塞式，一般选用每分钟 3 个立方米以下的小型空气压缩机，气泵带储器灌，压力，转速，排气量都符合喷绘的要求。以上两种都可以选用（图 3-16、图 3-17）。

2. 其他辅助工具

1）定画液，一般使用绘画固定液或用喷发胶均可，用于铅笔、炭笔、粉笔画面的固定，以防颜色脱落。

2）胶带，一般使用牛皮纸胶带裱纸，透明塑料胶带与双面胶带，粘接或装裱画面。

3）胶水，用于裱纸或粘接，还可以结合画面需要，制作色彩的特殊效果。

4）修正液，用于修改线稿，点画高光。

5）橡皮，修改铅笔、炭笔的造型线稿。

6）剪刀，用于剪、裁纸张。

7）壁纸刀，用于裁、刻纸张（图 3-18）。

8）图板，现常见的有 0 号、1 号、2 号等，用于绘图（图 3-19）。

9）调色盒，用于盛装各种水性颜料及调色（图3-20）。

10）笔洗，用于洗涮画笔的器皿，调底色的容器和擦笔的抹布（图3-21）。

三、材料

1. 纸张

1）拷贝纸、硫酸纸，是一类半透明的纸，质地薄脆，用于画面线稿的拷贝。

2）复印纸、打印纸，是一类办公用纸，表面细腻、润泽，用于刻画线造型，施加彩色铅笔或马克笔均可，尤其此类纸兼有复制功能，因此，方便一稿多画。

3）水彩纸，表面具有一定的纹理，吸水性好，可用水性颜料作画，易画、易染、易洗，纸面坚固，干、湿画法均可。还有水粉纸，表面具有一定的纹理，吸水性较好，也可用水性颜料作画，易画、易染，干、湿画法均可。

4）绘图纸，表面具有细腻的纹理，吸水性较差，可用铅笔、炭笔及干性颜料作画。如果在绘图纸施加透明水色，可获得润泽、明快的色彩效果。

5）卡片纸，有单面或双面白卡纸之分，表面平整光滑，具有一定厚度，常用于衬托画面。

6）KT板，是一种双面塑料薄膜夹发泡的板材，厚度为5mm，色彩若干种，用作衬托画面。

7）各种含灰色相的单色纸（图3-22）。

8）马克纸，是一种半透明的画纸，近似硫酸纸，但其韧性好，略有厚度，表面平整、细腻，可拓稿后，用马克笔作画，也可以在画纸的两面涂色，表现出色彩重叠的效果（图3-23）。

2. 颜料

1）水粉色，也称广告色，属水性颜料，色彩鲜艳、厚重，薄画润泽比较透明，厚画具有较强的遮盖力，易染，易画，干湿变化明显，部分色相湿画，产生沉淀的肌理效果。

图 3-19

图 3-20

图 3-21

图 3-22

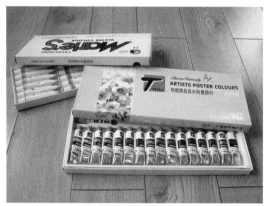

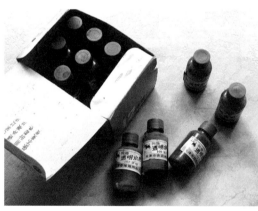

图 3-23
图 3-24
图 3-25

2）水彩色，属水性颜料，色料细腻而鲜纯，薄画清淡，厚画鲜艳，叠色透明，易染，易画，有较小的干湿变化，部分色相湿画产生沉淀的肌理效果（图3-24）。

3）透明水色，属水性颜料，色料细腻而纯度高，少许颜料需充分的加水调和使用，随着水分的变化，色彩纯度、明度也变化。此颜料渗透力强，透明度高，叠色效果好，易染，易画，干湿变化小，但不易覆盖（图3-25）。

以上介绍的产品效果图工具与材料是相对表现技法学习实训所涉及的，就某一种表现技法效果来说，可以在这些工具材料中，有针对性地选择使用。

第二节　绘画与制作的基本技巧

在产品效果图表现中，用画笔、颜料在画面上直接手绘，称为绘画技巧。而采用其他的工具与材料辅助绘画表现，对画面进行处理，以达到特殊效果，称为制作技巧。绘画与制作的技巧是人掌握绘画工具与材料，通过探索反复实践获得的，产品效果图的一些基本的绘画与制作技巧也是来自对绘画艺术技巧成熟经验的借鉴，如"勾""点""涂""染"是中国画、油画、水彩画、水粉画最基础的绘画技巧，而"拓""擦""刮""挡""喷""肌理"等制作技巧也是当代绘画艺术创作经常使用的，应该说，绘画与制作技巧的有机结合，使绘画表现样式日益增多，表现风格日益丰富，表现思路日益扩宽，同时也给产品效果图表现提供了重要的启示，因此，了解、掌握绘画与制作的基本技巧是深入产品效果图表现实践的基本保证。

一、绘画技巧

用画笔将产品造型手绘在画面上，离不开"勾""点""涂""染"技巧的运用，绘画技巧能体现出对画面表现的掌控力。下面将这四种绘画的基本技巧进行介绍。

1."勾"的技巧

"勾"是指运用画笔勾勒线条，表现产品造型轮廓、结构与比例，使造型清晰可见，是产品效果图表现首要的视觉形式，也是最基本的绘画技巧。勾勒出的线条不仅是区别造型与背景的界限，还可以用线的粗细、浓淡、虚实、疏密、断连、变化，表达造型的立体感和空间感，勾线的抑扬顿挫，还可以表现出造型的韵味（图3-26）。

用不同的勾线工具，勾线的技巧是不同的，勾出线条效果和用途是有区别的。

1）用铅笔、炭笔或彩铅笔勾线时，可以通过握笔力量、笔锋（正锋与侧锋）的变化，可画出深浅、粗细的线，表现造型的量感，强调结构、转折和空间关系；也可以画出软硬、松紧感觉的线条，表现不同质感的造型对象（图3-27）。

2）用钢笔（书法钢笔）、圆珠笔、黑水笔、记号笔勾出的线条，没有深浅变化，清晰肯定，一致性强，适于强调整体造型，如果表现造型的层次感，可用线的粗细、疏密、断连的变化，加以实现（图3-28）。

3）用毛笔勾线，可变化笔锋，以粗细、浓淡色泽的线条，表现造型轮廓、结构转折，还可以线当面，用亮与暗色线表现造型细节的光影，也可以用较粗的重色线强调明暗交界的部位（图3-29）。

2."点"的技巧

"点"是指运用画笔点画，即笔锋落在画面或造型上的色点痕迹，色点随形而变，形状、大小不一，点的大小也不同。点画是表现产品

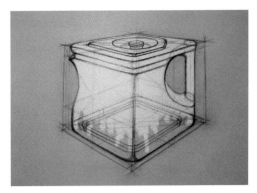

图 3-26

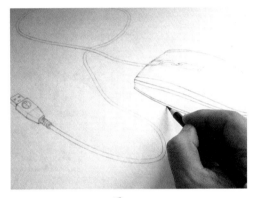

图 3-27

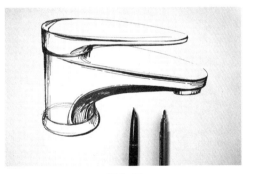

图 3-28

图 3-29

图 3-30

图 3-31

图 3-32

图 3-33

造型的点睛之笔，一般用亮色点画在造型的亮部高光的位置，用鲜色点在造型醒目的位置，用重色点在造型明暗交界的位置，其意在于强调。当然也可以根据效果的需要用点画的笔触表现在画面的其他部位。用于点画的工具有钢笔、记号笔、毛笔，还有修正液（点高光）（图3-30、图3-31）。

3."涂"的技巧

"涂"是指运用画笔蘸颜料在画面或造型上涂色，在产品效果图表现中，涂色分为两类：一是用毛笔、水粉笔、板刷、蘸水性颜料涂色。二是彩铅笔、色粉笔非水性颜料涂色。涂色的方法与效果有以下几种：

1）平涂技巧：以水粉颜料为例，按照涂色的面积大小，选用毛笔、水粉笔或板刷平涂。首先，要裱平水彩纸或水粉纸，将水粉颜料脱胶后，在调色器皿中调匀、饱和，色量一定要充足，然后用画笔或板刷蘸匀颜色，从纸面的一侧一笔接一笔涂刷，要记住每涂几笔蘸一次色，要始终保持涂在纸上颜色的量是一致的，这样才能保证平涂效果是均匀的，如果，平涂产品造型背景，要首先用调好的背景色，沿造型的外轮廓勾涂，随后，按照前面所说操作即可。平涂在效果图中，多表现为造型的背景，小面积的平涂色块，用于概括造型的体面（图3-32）。

如果用彩色铅笔在颗粒均匀的纸上进行平涂，涂色后用棉纸揉匀，从整体上看效果尚可。而用色粉笔平涂、经过擦揉后，色泽均匀效果显著，选择彩色铅笔、彩色粉笔平涂，多用于表现产品造型的体面与背景处理（图3-33）。

2）湿画的技巧：即用毛笔蘸水粉或水彩颜料，在裱好的水粉或水彩纸上涂色，先涂的色彩未干，趁湿或半干，涂上另一色，两色显示出含蓄的变化，这一技巧常用于产品效果图背景的处理或表现造型含蓄变化的部位，如：材质的表现（图 3-34、图 3-35）。

3）干画的技巧：即用毛笔蘸水粉或水彩颜料，在裱好的水粉或水彩纸上涂色，待干后，再另蘸一色涂上，两色差别清晰，这一技巧常用于强调造型的色彩对比关系（图 3-36）。

4. "染"的技巧

"染"是指渲染，即用毛笔蘸用水稀释适度的水粉或水彩颜料，在裱好的水粉或水彩纸上"染"色，渲染，分接染和罩染两种染法。

1）接染：即当前一色染过后，趁湿接染第二色，使两色衔接处，呈现自然过渡效果，此法，可以用两支毛笔蘸两种颜色从画面的两端开始染起，中间过渡衔接，也可以单笔换色接染。大面积染色可用合适的羊毫板刷，接染的技巧多用于造型面的过渡变化和背景的渐变效果（图 3-37）。

另一种接染技巧是，趁前一色半干，接染或接涂另一色，使两色形成含蓄变化的效果，这一技巧用于表现造型纹理的变化（图 3-38）。

2）罩染：待先涂的一色干燥后，在其上罩染另一薄色，显示润泽、透明的效果，这一技巧用于表现造型的透明质感（图 3-39）。

图 3-34	图 3-35
图 3-36	图 3-37

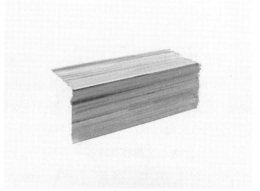

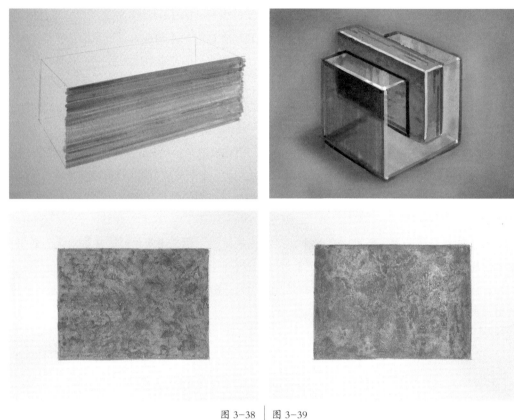

图 3-38 | 图 3-39
图 3-40 | 图 3-41

二、制作技巧

利用材料的特点进行处理，辅助绘画出现特殊效果的技巧。制作技巧是根据产品效果图表现对象的不同需要适时选用的，制作的效果具有一定的偶发性和可变性，处理得好，能提高表现的效果和效率。具体包括："拓印""油水分离""盖印""撒盐""刮线""擦涂""喷色"等。"拓印""油水分离"这两种制作技巧，已在前面第二章第四节质感分析表现的人工肌理中进行了介绍，下面就"盖印""撒盐""刮线""擦涂""喷色"的制作技巧一一介绍。

（1）"盖印"即根据画面表现的需要，选用具有凹凸纹理的材料蘸水粉颜色，盖印在画面或底色上，表现彩色纹理的变化。如用纸团成皱褶蘸色盖印在底色上，显示抽象的纹理，在产品效果图的色彩表现中，增加画面的丰富感（图 3-40）。

（2）"撒盐"即根据画面表现的需要，在刷过的水粉或水彩的色底上，趁湿用食盐洒在上面，当盐在融化时，将颜料冲开，形成抽象的色彩痕迹，变化莫测，效果奇妙，也是处理画面与造型的一种表现技巧（图 3-41）。

（3）"刮线"有两种形式，其一，在较厚的画面纸上刮线，然后用颜色覆盖，在涂过色的画面上，显现出比所涂底色相对深的线条。其二，在涂过色的较厚画面纸上刮线，将表色刮去，显现白线，这两种刮出的线，前者含蓄，后者清晰，在造型表现中都有使用（图 3-42）。

（4）"擦涂"即在画面纸上，封闭不着色的部位，对暴露的部分，用脱脂棉或棉纸蘸色粉类的颜料进行擦涂，可形成均匀的平色或渐变的过渡色，这一技巧用于表现色彩造型的空间感（图3-43）。

（5）"喷色"即在画面纸上，将不着色的部位封闭，对暴露的部分，用喷笔或色喷灌喷色，还可以用髦刷蘸水粉色进行弹色模拟喷涂的效果，这种技巧可以表现产品造型与背景，其效果有细腻、朦胧的感觉（图3-44）。

总之，以上介绍的每一项绘画与制作技巧都是一种巧妙的表现能力，对这些能力的掌握与应用，可以提高产品效果图的效果与效率，然而，单一的技巧的使用，是不能满足产品表现技法效果的实现，只有在确定表现工具与材料的前提下，以一种绘画或制作技巧为主，配合、兼用其他技巧，才能充分地发挥该表现技法的优势，才能充分地显示表现效果与风格。某种风格的实现，正是各种不同表现技法的艺术魅力的所在。技巧是学习技法的基础，技法靠技巧支撑，接下来介绍的多种表现技法效果，就说明了各种绘画与制作的技巧都是根据表现实际的需要，巧妙结合应用其中的，无论哪一种表现技法，都离不开以上的介绍的绘画与制作的基本技巧。

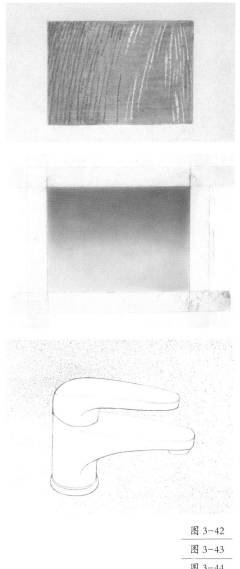

图 3-42
图 3-43
图 3-44

第三节　多种表现技法的效果

产品效果图表现技法的种类，伴随着绘画经验的积累与绘画工具和材料的不断产生而扩展，日益增多的表现形式，不断应用到产品开发设计实践中去，使现代产品设计表现更方便、更实用、更有效，同时，不同的表现技法也丰富画面的式样与效果，产品效果图的表现风格与观念也发生了转变，由深入、逼真地刻画，转变为直观、概括、达意地表现，产品效果图表现技法朝着准确、生动、快捷、程式化、工具化、综合化的趋势发展。

针对设计表现学习与实践的需要，从产品效果图表现知识应用的角度出发，介绍以下多种表现技法的效果，以便学生了解多种表现样式与风格，拓宽技法知识领域。

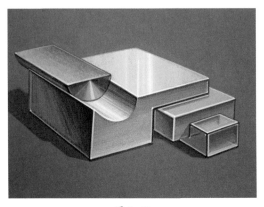

图 3-45

一、渲染法

采用毛笔与水粉颜料，在预先裱好的水粉或水彩纸画面上，以接染和罩染的技巧为主，配合使用勾、点、平涂的技巧，通过画法步骤，形成产品造型效果的表现技法。鉴于该技法的核心技巧是染色（由浅到深，由暖到冷，由鲜到灰，无笔痕地接染与罩染），因此称为渲染法。该技法极具写真性，能使产品造型画面达到深入、细腻、逼真、厚重、润泽、自然变化的视觉效果。

渲染法使用的工具与材料比较普及，绘画技巧性强，表现产品造型对象广泛，是一种较早成熟应用于产品造型设计的效果图表现方法，也是产品效果图表现技法教学的基础训练技法，是初学产品效果图表现技法的基本功，应细心研习掌握（图 3-45）。

该画面表现的是一组不同质感的组合体，用接染的技巧表现了塑料与金属的不同的光泽与细腻的明暗变化，用罩染技巧表现了玻璃的透明质感，用不同的色线强调了形体的亮光与阴影，用色点点画形体不同位置的高光与反光，用平涂技巧，表现了造型的投影与背景。通过染、勾、点、涂的绘画过程，表现出组合体的造型、色彩、材质变化与细腻、真实、厚重的效果。

二、归纳法

采用毛笔与水粉颜料，在预先裱好的水粉或水彩纸画面上，以平涂的技巧为主，配合使用勾、点的技巧，通过画法步骤，分面、分层表现产品造型效果的技法。鉴于该技法的核心技巧是将归纳的色彩进行平涂，因此称为归纳法，也叫平涂分面法。

归纳法，是产品效果图表现技法中最基础的方法，这种方法是遵照产品造型设计意图，根据表现对象的体面、明暗及色彩冷暖的变化，设计画面的色彩关系，一般将造型色彩精简、归纳成三至五个左右层次的色彩构成调子，采用分层平涂的技巧，将造型的体积感、光感、色彩感和质感生动、完整地表现出来。

归纳法具有造型清晰，层次简明，色彩概括，装饰性强，酷似套色版画的艺术效果。

在产品设计表现技法中，归纳法不仅是一种表现形式，也是训练初学者归纳、概括处理画面造型及色彩关系的一种有效方法，是深入学习其他产品效果图表现技法的基础（图 3-46）。

该画面表现的是一款自行车的塑料车筐，主体造型蓝灰色，线形圆润，两侧配以红色把手。画面背景为灰色，造型主体以灰色为基调，用两个变化的蓝色，一个浅紫蓝色和一个白色，按形体变化分层平涂，构成五个层次的蓝灰色调。两个把手，也在灰色的基础上用冷、暖、深、浅红色以及白，同样按照把手的形体结构分层平涂，加上空出的灰色（环境色）共计六个层次的色调。通过这组色彩归纳搭配，表现出造型的光感、体感、色彩感与质感。

图 3-46　　　　　　　　　　　　　　　　　　　图 3-47

三、高光法

在选择或制作符合表现色调要求的色纸（中明度）上，用炭笔、炭精棒或彩色铅笔勾、涂造型线条与概括的明暗调子，以白色素描铅笔或白色粉笔勾、点高光，用彩色铅笔勾涂点缀色或环境色，最后喷定画液，防止色彩脱落。通过画法步骤表现产品造型效果，鉴于该技法以勾画高光为特点，因此，称为高光法。

高光法，最适合表现色彩单纯、统一、变化微妙的产品造型（如：家电、数码产品；汽车等），其画面效果单纯、明确，光感、立体感、空间感、质感强，绘画的效果类似底色素描。

在产品设计表现技法中，高光法是一种较快捷的方法，同时也是初学者运用明度关系进行造型表现的有效方法（图 3-47）。

该画面用高光法表现的一款灰色金属感的数码相机，选择的底色与造型色调接近的黑灰色，用水粉色，以湿画的技巧自制色纸，造型用木炭笔，分别勾涂造型的结构与明暗调子，用白粉笔涂点亮部与高光，用彩色铅笔勾涂镜头与快门处的鲜色进行点缀，使造型显示出应有的光感、质感，精密感和真实感。

四、浅层法

依照产品造型表现意图，选择棕板刷、用湿画法的技巧，在裱好的水彩或水粉纸上，涂与造型相关的背景色，借助变化的背景，用毛笔、薄水粉，以概括的笔触与线条，逐层表现，重点刻画，通过相应步骤，形成产品造型效果的表现技法，鉴于该技法，借助大面积变化的底色，逐层覆盖、勾画，生动表现造型的体面、暗明、材质以及色彩关系，因此，称为浅层法。

该技法，巧妙利用底色，用笔简练洒脱，干、湿画技巧结合，色彩薄、厚搭配，整体表现概括，重点刻画精致，画面效果轻快、生动，色调统一而富于变化。在用笔上，少画巧画，高度提炼，给人"以少胜多"的精炼感觉。

浅层法，在产品设计表现技法中，是一种快捷、生动、绘画技巧性较强表现方式，也是产品设计较常用的表现技法之一，它在吸收了前面的技法经验的基础上而形成的，在学习浅层法时，要注意规律性与灵活性相结合，写意性与刻画性相结合，切忌面面俱到，刻板僵化（图 3-48）。

图 3-48

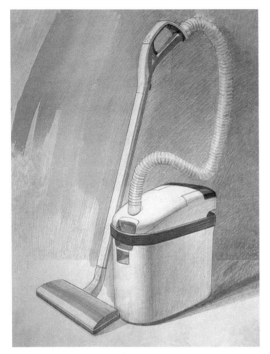

图 3-49

图 3-50

该画面用浅层法，表现了一款暖灰与红色塑料搭配的钟表文具盒，造型背景用棕板刷，湿画法的技巧，倾斜笔触涂刷出冷暖、深浅变化底色，无论浅色的钟表还是红色的笔盒，都在底色的基础上，用薄厚不同水粉色，运用勾画涂点的技巧，表现造型的光感、质感与色彩变化，用空底、透底的方法分别表现钟表（表壳色彩、表盘光感的）与笔盒（暗部的环境色）的色彩关系，用亮线与暗线，勾画了造型的高光与轮廓，用绿色点缀了插在盒里的彩笔与盒外的反光，将此背景色定为钟表造型的基调色，用薄的冷红色将笔盒的暗部勾画，空少量背景色充当环境反光，整个画面用笔简括、肯定，借色自然，色彩鲜明，画面生动。

五、淡彩法

在线造型上施加淡彩表现产品造型效果的技法称为淡彩法，该技法包括铅笔淡彩和钢笔（也可用黑水笔代替）淡彩两种形式。

（1）铅笔淡彩，在裱好的画纸上，以铅笔线描绘产品造型，按照其体面关系，用毛笔或水彩笔蘸清淡的水彩，在线造型上，由浅入深概括施色，其色彩单纯、明媚，含蓄（图 3-49）。

（2）钢笔淡彩，同样在裱好的画纸上，以钢笔线描绘产品造型，按照其体面关系，采用毛笔或水彩笔蘸清淡的水彩，对线造型由浅入深概括上色，其色彩单纯、明媚，鲜明（图 3-50）。

无论，铅笔淡彩或钢笔淡彩，必要时可排一定的调子，强调体面和结构。在淡彩法的表现中，要强调线造型加淡彩的那种简括、明快的画面效果。

淡彩法表现快速、概括，可用于设计
构思草图；表现深入、精湛，还可作为产
品设计效果图，所以，此法绘画方便，使
用灵活。

　　该画面用铅笔淡彩法，表现了一款以
白色为主色，冷红色相搭配的吸尘器，为
了表示该产品的清洁干净的感觉，铅笔勾
线造型以清淡的蓝紫色表达其明暗关系，
在上色以后，又覆盖了铅笔调子，整个画面，
显得清洁、明媚，有沉着与稳定感。

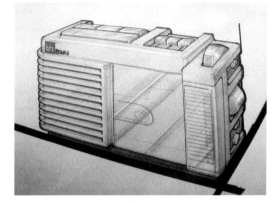

图 3-51

　　该画面用钢笔淡彩法，表现了一款红、
黑色搭配的皮质沙发，冷色肌理（撒盐制作）
背景衬托，与造型鲜艳的色彩与光亮的质
感形成对比，同时造型又被黑色线条勾勒、
连贯，画面表现出鲜明而统一的视觉效果。

六、马克笔法

　　以马克笔为主，辅助彩色铅笔，彩色
粉笔，直接在专用的马克纸、复印纸或灰
卡纸上，通过相关的画法步骤，表现产品
造型的技法，称为马克笔法。

图 3-52

　　马克笔法，是一种较为方便、快速的
表现画法，因为马克笔的颜色含有二甲苯
溶剂，渗透性与挥发性极强，所以作画时，
无须裱纸。这种绘画工具的优越性在于各
种灰色及纯色系列齐全，笔与色为一体，
无须调色，搭配彩色铅笔在马克纸或复印
纸上，由浅入深，进行双面或单面绘画，
线条轮廓清晰，色彩透明，鲜晦适度，响
亮稳定，表现出润泽明快的韵味。

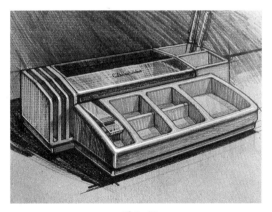

图 3-53

　　马克笔法是产品造型设计最常用的表现方法，若表现快速、概括，可用于绘制设计构思
草图；表现深入、精湛，还可作为产品设计效果图（图 3-51~ 图 3-53）。

　　该画面用马克笔搭配彩铅笔在专用马克纸上，通过双面画的方法，绘制的一款录音机。
首先用马克笔在马克纸的一面勾线，涂明暗调子，在另一面涂色，复勾线条，将两面的颜色
用纸隔开，因此，避免马克笔多色重叠后，颜色因相互侵蚀而变色，这样，画面显示出造型
层次清晰、透明，色彩鲜艳、稳定的视觉效果。

图 3-54

该画面用马克笔搭配彩铅笔在复印纸上，通过单面画的方法，绘制的一款录音机。在绘画中，借助灰色马克笔对画面造型涂明暗调子，在此基础上，重叠色彩，一般不超过三次，以防多色间的侵蚀，然后用彩色铅笔深入刻画，以上画面层次清楚，色彩鲜明，用笔肯定、洒脱，具有感染力。

该画面用马克笔搭配彩铅笔在灰卡纸上，通过单面画的方法，绘制的一款组合文具盒。在绘画中，首先，用淡灰色马克笔涂画面造型的明暗调子，再用造型的表色覆盖、重叠，用彩色铅笔勾画细部，用白水粉色点画高光，由于灰卡纸比较托色，所以造型色彩鲜明，线条清晰，用笔肯定、洒脱，具有感染力。

七、透明水色法

采用毛笔蘸透明水色在水彩纸上表现产品造型的技法称为透明水色法。该技法与水彩画法相同。依照产品造型表现意图，在预先裱好水彩画纸的造型轮廓线上，由浅入深上色，高光一般空白纸，整体上色可干湿结合，局部可色彩重叠。用笔洗练，色泽透明，阴影清晰，画面效果生动、明快。

在产品设计表现技法中，透明水色法是一种"意在笔先"，生动、情趣的画法，重在构思，重在用笔、用色及控制水分（图 3-54）。

该画面用板刷、毛笔、蘸透明水色搭配黑水笔，在裱好的水彩纸上，通过画面设计，绘制的一款组合电话。画面色彩鲜艳、湿润、透明，笔触概括而有层次，表现准确而又巧妙，造型在构图中显现向上的动势。

八、彩色铅笔法

用彩色铅笔在细纹的绘图纸上，用勾、涂的技巧，直接表现产品造型的技法，称为彩色铅笔法。

由于彩色铅笔属干性颜色，所以无须裱纸，彩色铅笔的色彩比较丰富，在造型轮廓的基础上，按照光影规律，由浅入深，刻画体面、色彩、光感及质感，着色可用色线排列成面的方法，构成混色变化，表现产品造型的色彩关系。若用水溶彩色铅笔还可以适当渲染，画面效果给人以完整、深入、细腻之感。

在产品设计表现技法中，彩色铅笔法具有便于操作与趣味横生的特点，是锻炼刻画能力的一种有效的方法（图 3-55）。

该画面用彩色水溶铅笔，运用勾、涂、染色的方法绘制的一款汽车造型，通过细致地描绘车身侧面的反光，表现了汽车造型表面的金属漆光亮细腻的效果。

九、彩色粉笔法

以彩色粉笔为主，彩色铅笔为辅，运用擦涂、勾画等技巧表现产品造型的技法，称为彩色粉笔法。

由于彩色粉笔和彩色铅笔都属干性颜色，所以也无须裱纸，可在细纹的绘图纸上直接作画，即用脱脂棉或手指蘸上所选的彩粉笔末，按造型轮廓的体面关系、明暗关系利用挡片进行遮挡揉擦，如色相需要微妙变化时，可在原有色相的粉末上，混入变化的色相粉末揉擦，其效果自然、细腻、微妙。彩色铅笔，用于造型细部、边角的刻画，与粉笔搭配完成整体画面的表现，而后，喷定画液，以防画粉脱落。彩粉笔法，操作简单，制作性强，表现效率高，画面完整，变化微妙，过渡自然，刻画逼真，与喷绘效果相近。

彩色粉笔具有擦涂面积大、色彩变化丰富、便于操作的特点，可以应用于马克笔技法中，表现造型表色与大面积的背景（图 3-56）。

该画面用彩色粉笔通过遮挡擦涂，配合彩色铅笔勾画的技巧，绘制的一款电吹风造型，画面造型效果刻画细腻，色彩变化丰富、微妙、自然、生动、立体感强。

图 3-55

图 3-56

十、喷绘法

采用带气泵的喷笔借助挡片将水性颜色（水彩或水粉色），在预先裱好画纸的造型轮廓上分层喷绘，这种表现产品造型的技法，称为喷绘法。

喷绘法制作的画面，色彩鲜明，层次丰富，变化微妙，体积厚重，过渡自然，刻画逼真，具有独到的表现韵味。

喷绘法，不但可以表现产品造型效果，还可以表现产品构造的效果。该技法凭借设备操作，技艺性高，制作性强，是须具备相当的绘画与制作经验和对设备的适应，才能掌握的一种产品效果图表现技法（图 3-57）。

该画面采用喷绘法绘画制作的双层大客车造型构造效果图，画面表现内容丰富、具体，制作技艺精湛，整体宏大、逼真、完美。

图 3-57

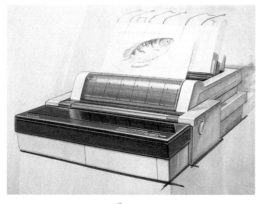
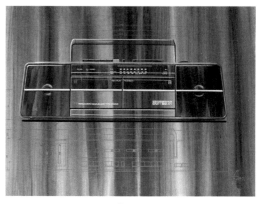

图 3-58   图 3-59

十一、综合法

在掌握以上若干方法的基础上，根据某种产品造型的表现需要，经过构思，将两种以上的表现技法有机的结合，并有效地表现产品造型的技法，称为综合法。

综合法以表现效果为前提，只要方便、适合、理想，可以不拘一法，可以"不择手段"地综合运用表现工具与材料，调动各种绘画与制作手段创造性地表现画面（图 3-58）。

该画面用综合法表现的一款速印机的造型，选择水粉色，对机器操控部位进行渲染，表达其精密厚重的感觉。用透明水色，对机器的透明罩及机身逐层勾画，表现极其的轻快与效率感，用彩色铅笔勾画印刷品，表现印刷成品的效果，各种表现材料与表现技法针对造型对象，达到了有机的结合，表现了理想化的效果，显示了综合法的灵活性与实用性特点。

十二、投影法

确切讲，此法是一种用投影表现产品造型效果的形式，强调在正投影轮廓的基础上，用前面介绍的任何一种技法，表现产品造型、结构、比例、光影、色彩、质感以及尺寸关系。把这种产品造型的表现技法，称为投影法（图 3-59）。

该画面采用投影法表现的一款便携式双卡收录机。画面借用浅层法，在造型主视图投影面上，刻画了功能布局、光影、色彩、质感，直观地表现了造型效果与实际的尺度。

以上简述了十二种产品效果图表现技法，也许还不止于此。随着现代设计的不断发展，设计实践的不断深入，手绘设计表现艺术与技术也会相伴提升，新的表现观念和表现方法，还会应运而生，使创意头脑更灵活，表现手法更方便、更实用，更能提高设计效率，更能激发创新能力。

第四节   画前的准备工作

画前的准备工作，对产品造型设计表现是十分重要的，也是产品造型设计表现绘画的必经阶段，如果准备工作不充分，会直接影响产品造型设计表现的全过程，甚至影响绘画者的情绪，造成失败的结局。

　　鉴于不同的表现技法，采用不同的工具与材料，不同的操作程序，因此，画前的准备工作，也不尽相同，这里仅就共性问题作一介绍，其他个性问题，在介绍画法步骤时再做提示。

一、裱纸

　　在产品造型设计表现中，凡是采用水性颜料作画，都需要画前裱纸，以此保证水性颜料在作图时，画面的平整度。现将裱纸过程介绍如下：

　　（1）裁纸：将所需水彩纸或水粉纸按画幅比例裁好，平放在图板上，如图幅面积接近图板大小，请将图纸控制在不小于图板四边的一厘米处为宜。

　　（2）刷水：用羊毛板刷蘸清水将所裱纸张反面刷湿，使纸纤维涨开（图3-60）。

　　（3）翻纸：将纸刷湿的一面朝画板放正铺平（图3-61）。

　　（4）固定：选用略长于图纸四边；宽为二十厘米的牛皮纸水胶带，将胶面刷水，将图纸四边固定于图板上，随后，用干布将胶带浮水蘸去（图3-62）。

　　（5）阴干：把固定图纸的图板平放，然后，将图纸中央刷适度的清水，其目的是让图纸四边先干，图纸中央后干，防止图纸崩开，待阴干后，可平整无损（图3-63）。

图 3-60	图 3-61
图 3-62	图 3-63

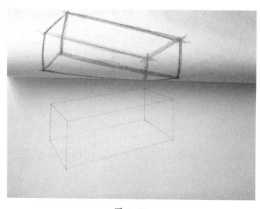

图 3-64

二、拓稿

在产品造型设计表现中，拓稿是将造型线稿通过拓印转移到画面上的方法，此法适用于绝大部分产品造型的表现过程。

（1）拷贝：将拷贝纸或硫酸纸蒙在确定的造型线稿上，四角固定，用铅笔拓线型。

（2）覆色：将拷贝的线稿翻至背面，用色粉（可用铅笔或粉笔）沿造型线条覆色。

（3）拓线：将覆色的线稿面蒙在画面图纸上，也要固定四角，再用较硬的铅笔沿造型轮廓描线，待拓描完毕后，揭去覆色的线稿，所拓的造型轮廓线就跃然纸上了（图 3-64）。

三、设计色彩小稿

色彩小稿的设计是产品设计效果图画前准备阶段的关键环节，要预先构思，将画面造型、构图、色彩、光感、质感、技法以及总体效果，采用与正稿相同的绘画工具与材料，同比例缩小的画面表现，色彩小稿要注重概括、精炼、省略细节，描绘要点，表现意图，在绘制正稿前，做到胸中有数（图 3-65）。

图 3-65

　　以上介绍的画前准备工作内容，是产品效果图表现质量的必要保证，也是表现技法学习的组成部分，画前准备工作，同样具有较强的计划性、程序性和技艺性，在产品效果图表现技法中，要给以足够的重视，要建立画前准备工作的良好习惯。

　　本章小结：本章围绕产品效果图表现技法的使用工具与材料（种类、性能、用途、方法及效果）；绘画与制作基本技巧；多种表现技法效果以及画前准备工作进行详细的介绍，知识重点在于掌握绘画与制作技巧，将其运用于产品效果图表现中；全面了解产品效果图多种表现技法效果，通过知识性铺垫，为下一步展开产品效果图常用技法实训做好准备。

[**思考与练习题**]

1. 了解产品效果图表现的工具、材料及效果，尝试使用各种方法。

2. 了解多种产品效果图表现技法的效果，明晰各种技法的表现特点。

3. 了解画前准备工作在产品造型设计表现过程中的重要性，熟悉具有共性的工作环节。

第四章　产品效果图常用技法实训

　　根据产品造型设计与教学发展的需要，以适用性、训练性、可操作性为原则，从前面介绍的多种表现技法中，选出渲染法、归纳法、高光法、浅层法、淡彩法、彩色粉笔法、马克笔法作为常用手绘技法实训内容，这七种常用技法中，渲染法、归纳法作为传统绘画工具与基本技巧训练方法，完成基础绘画向设计表现的过渡。而高光法、浅层法、淡彩法、彩色粉笔法、马克笔法，无论在画法技巧，还是材料使用，都以准确、快捷、生动为目标，其技法相对前两种，都发生了变化，具有工具材料普及、使用方便、技法成熟、效果各异、规律相通等特点，适于表现各种产品造型对象的特点，是设计与训练的有效技法。

第一节　渲染法实训

　　渲染法实训要点:在于掌握毛笔蘸水粉颜料渲染（接染与罩染）的技法，锻炼色彩、水粉、笔法（勾线、点画）与槽尺的使用技巧，深入、逼真、细腻地表现造型对象，锻炼主观意象表现造型、色彩、光感、质感的能力。

一、工具与材料

　　（1）工具:铅笔（起线稿用）大、小白云笔,羊毫板刷（渲染、涂底色用）,衣纹笔（勾线用）,槽尺、支撑笔、画板、调色盒、笔洗等。

　　（2）材料：水彩纸或水粉纸（正稿用纸），图画纸（起线稿用纸）拷贝纸（拓线稿用纸），卡片纸或KT板（衬托画面用）牛皮纸胶带、双面胶带、水粉色若干。

二、画前准备

　　（1）裱纸:按照表现对象，选择相应幅面的画纸，裱在适当型号的图板上，方法如前所述。

　　（2）线稿：用铅笔在图画纸上起线稿，作为正稿的造型轮廓，然后用拷贝纸描线备用。

　　（3）脱胶：将水粉色放置调色盒的格内，再滴入热水，放置几小时后，再将调色盒格内脱胶的浮水吸出，经过脱胶处理，染或平涂的颜色效果会更加理想。

　　（4）设计色彩小稿：除如前所述外，重点强调所要表现的造型、构图、色彩的冷暖关系以及渲染技法的概要特点。

三、介绍表现案例与画法步骤

表现案例一 :《两种质感的组合体》

　　通过意象构成长方体与透明管材平行嵌入插接的造型，在画面上，造型成俯视两点透视状态，以右侧上光为主光源，确定整体明暗关系，木材纹理清晰自然，管材透明光亮，两种质感对比分明。以下是画法步骤：

　　（1）先将长方体的线稿拓至已裱好的画面上（图4-1）。

　　（2）参照色彩小稿，首先，用接染的技巧渲染木材，从木材表色的中间调子开始染起，向亮调子过渡，要趁木材底色未干，加入色彩变化，并勾画木纹，在形体的转折处，可以强调木纹，

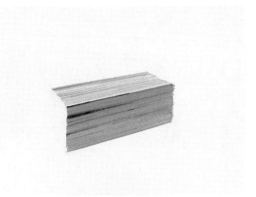

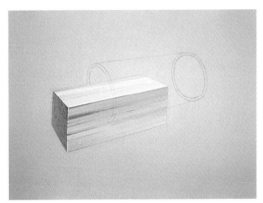

图 4-1	图 4-2
图 4-3	图 4-4

帮助表现体面转折关系，木纹的走向要符合形体透视，木纹与形体构成有机的统一（图 4-2）。

（3）在完成木材长方体的立面、顶面的渲染后，加染造型侧立面的暗部色调，染法可用单笔变色晕染，也可用双笔双色晕染。在暗部色调的基础上，加染造型的明暗交界线，并趁湿或半干加以放射、环状的年轮描绘，这样显得自然含蓄，待木材长方体整体关系显现后，在形体明暗的转折处，勾画高光，强调造型的光感、立体感、质感，要注意未经油饰的木材，高光不宜过亮。否则，破坏其自然、和谐的感觉（图 4-3）。

（4）用平涂的技巧，涂木材长方体的背景色，并在木材长方体及背景色上，拓出透明管材的轮廓线，为罩染透明管材做准备（图 4-4）。

（5）在木材长方体与背景色的基础上，用与背景近似、偏深的薄色罩染透明管材的底色，趁湿分别加染管材的亮部颜色与暗部的明暗交界线，要自然衔接过渡，待罩染完成后，用亮而偏暖的颜色勾画透明管材亮部的强反光，用暗而偏冷的颜色勾画透明管材的断面，用小面积的冷、暖色表现环境反光，还可以透出木材与背景的颜色，以表达其反光而透光的质感效果（图 4-5）。

（6）在背景色的基础上，添加造型投影、高光和环境色反光，丰富色彩变化，强化立体空间关系，整理画面，装裱完成表现过程（图 4-6）。

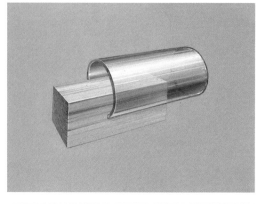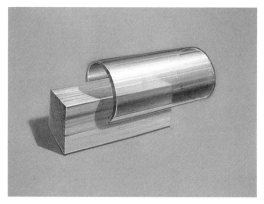

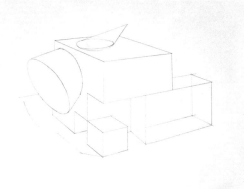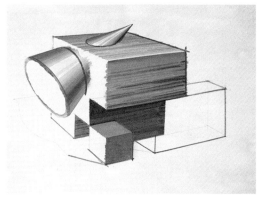

图 4-5	图 4-6
图 4-7	图 4-8

表现案例二 :《四种质感的组合体》

通过意象将金属锥体、剪缺木材方体、长方透明体与塑料正方体，构成贯通、嵌入、接触关系的组合体造型，在画面上，造型成俯视两点透视状态，以右侧上光为主光源，确定整体造型明暗关系，木材纹理清晰自然，金属反光强烈，透明质感真实，塑料质感光亮，四种质感对比分明。以下是画法步骤 :

（1）将线稿拓至已裱好的画面上（图 4-7）。

（2）参照色彩小稿，首先，用接染的技巧渲染木材，从木材表色的中间调子开始染起，向亮调子过渡，要趁木材底色未干，加入色彩变化，并勾画木纹，在形体的转折处，可以强调木纹，帮助表现体面转折关系，木纹的走向要符合形体透视，纹相与形体构成有机的统一。接下来，继续接染金属锥体与塑料方体，仍然从中间调染起，转向亮调子，染金属锥体要表现出调子的变化与过渡 ;染塑料方体要染出两个面的平整转折（图 4-8）。

（3）在上一步完成的基础上，加染木材、金属、塑料的暗部，并趁湿或半干，添加明暗交界线及细部变化，可酌情勾画造型各部位的高光（图 4-9）。

（4）平涂木材、金属、塑料、形体组合的背景色（图 4-10）。

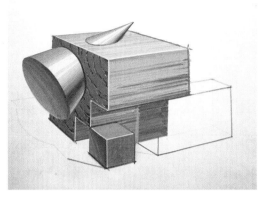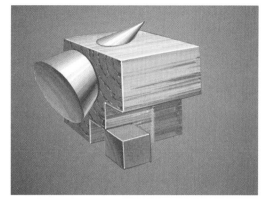

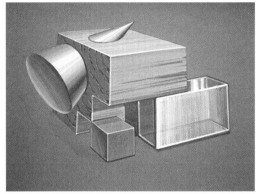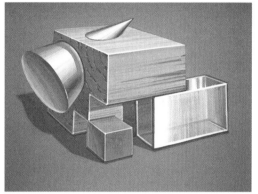

图 4-9	图 4-10
图 4-11	图 4-12

（5）以木材与背景色为基础，用罩染的技巧加染透明体，要染出强反光处、不透明、透明处弱反光视觉特点（图 4-11）。

（6）加整体造型投影，调整细部光影变化（图 4-12）。

（7）对造型点画亮部强反光，暗部环境反光，整理画面，装裱完成表现过程（图4-13）。

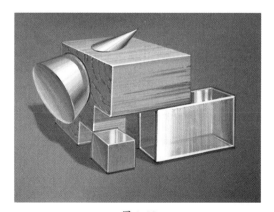

图 4-13

渲染法实训小结：通过《两种质感的组合体》、《四种质感的组合体》渲染法的案例实训过程，了解画法步骤，掌握在设定主光源前提下，运用接染、罩染、勾、涂、点的技巧，深入、细腻、逼真地表现不同材质的反光以及透明效果的特点，还要在绘画中，不断熟悉槽尺的使用方法，体验工具带来的便利和效率。

第二节　归纳法实训

归纳法训练要点：在于根据光影关系概括色调，以五至六个色彩层次，表现造型的光感、质感和立体感，掌握毛笔平涂色彩的基本技巧。

一、工具与材料

（1）工具：铅笔（起线稿用）大、小白云笔，羊毫板刷（渲染、涂底色用），衣纹笔（勾线用），槽尺、支撑笔、画板，调色盒，笔洗等。

（2）材料：水彩纸或水粉纸（正稿用纸），图画纸（起线稿用纸）拷贝纸（拓线稿用纸），卡片纸或 KT 板（衬托画面用）牛皮纸胶带、双面胶带、水粉色若干。

二、画前准备

（1）裱纸：按照表现对象，选择相应幅面的画纸，裱在适当型号的图板上，方法如前所述。

（2）线稿：用铅笔在图画纸上起线稿，作为正稿的造型轮廓，然后用拷贝纸描线备用。

（3）脱胶：将广告色若干放置调色盒的格内，再将热水滴入，放置几小时后，再将调色盒的格内脱胶的浮水吸出备用。

（4）设计色彩小稿：除如前所述外，重点强调所要表现的造型、构图、色彩（明度、冷暖、鲜灰的层次关系）以及分面平涂的技法特点。

三、介绍表现案例与画法步骤

介绍表现案例一：

《不锈钢锅》该造型为柿子形灰黄色不锈钢锅，配有黑色塑料端把及摘把，造型饱满，色彩统一，但明度变化大，反光强烈，画面以不锈钢锅的表色为基调，归纳五个层次色调，平涂表现造型。以下是画法步骤：

（1）根据色彩小稿的设计，在已裱好的画面上，平涂造型的表色（中间色调），拓造型线稿（图 4-14）。

（2）在底色轮廓线上，平涂不锈钢锅造型的暗调子（图 4-15）。

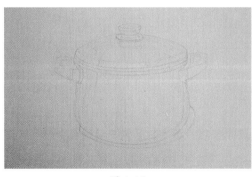

图 4-14　　　　　　　　　　　　　　　　　　　图 4-15

（3）在造型的底色上，平涂不锈钢锅亮调子（图 4-16）。

（4）在造型的暗调子上，平涂明暗交界线（图 4-17）。

（5）在造型的亮调子上，平涂高光，整理画面，装裱完成表现过程（图 4-18）。

介绍表现案例二：《冷、热水龙头》

龙头主体造型为强反光金属电镀质感，水嘴上扬，红、绿把手配在龙头主体两侧，呈对称式样，画面以蓝灰色为金属龙头中间底色，用五个色彩层次归纳平涂表现画面效果。以下是画法步骤：

（1）在已裱好的画面上，平涂造型的背景色（中间色调），拓龙头的造型线稿（图 4-19）。

（2）根据光影关系，在龙头的中间色的基础上，平涂龙头及把手的暗调子，并将左边把手的红色，勾画到龙头的暗部作为环境色反光，此时造型整体开始显现（图 4-20）。

（3）在中间色的基础上，平涂龙头与把手的亮调子，并用亮调子表现龙头下方的一块台盆颜色（图 4-21）。

（4）在造型的暗部添加明暗交界线，强调造型的光感和强反光（图 4-22）。

图 4-16	图 4-17
图 4-18	图 4-19

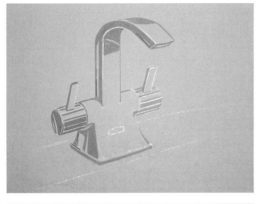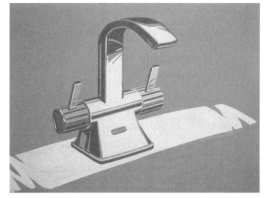

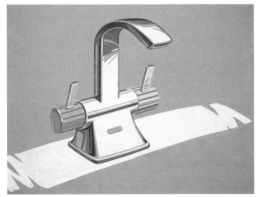

图 4-20	图 4-21
图 4-22	图 4-23

（5）在造型的转折处，点画高光，暗部强调环境色反光，整理画面，装裱完成表现过程（图 4-23）。

介绍表现案例三：《敞篷轿车》

该车型为欧洲经典的流线曲面造型，形态饱满，配件精致、豪华，红色面漆，光亮华贵，彰显贵族风范。画面用五个层次的红色归纳平涂表现造型主体光感及鲜艳的色彩感，其他配件也用三到五个色彩层次，表现其造型的体感与质感，造型背景为灰绿色，浅灰黄色点绘地面，这样使画面车型更加鲜艳夺目。以下是画法步骤：

（1）根据色彩小稿的设计，在已裱好的画面上，拓车形线稿，平涂车身及配件的表色（中间色调）（图 4-24）。

（2）在车身及配件中间色上，平涂暗部转折色（图 4-25）。

（3）在车身及配件中间色上，平涂亮部色调（图 4-26）。

（4）在车身及配件暗部颜色上，平涂、点画明暗交界线（图 4-27）。

（5）在车身及配件亮部颜色上，平涂、点画高光（图 4-28）。

（6）平涂造型背景色，点画地面，整理画面，装裱完成表现过程（图 4-29）。

 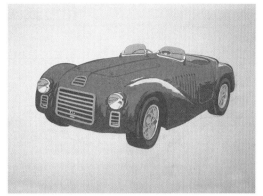

图 4-24	图 4-25
图 4-26	图 4-27
图 4-28	图 4-29

　　归纳法实训小节：通过《不锈钢锅》《冷、热水龙头》《敞篷轿车》归纳法的案例实训过程，了解归纳色彩构成画面色调的基本方法，以及画法步骤，掌握按照光影规律分面、分层平涂的技巧，表现造型的色彩感、体感、光感、质感效果。

第三节　高光法实训

高光法训练要点：根据光影关系，运用轮廓、高光及明度调子，在底色上表现造型的立体感和空间感，要概括、"少画""巧画"要"以少胜多"。掌握炭笔、色彩铅笔快速表现造型光感、质感的技巧。

一、工具与材料

（1）工具：铅笔（起线稿用）炭笔、彩色铅笔、素描白铅笔或白粉笔，羊毫板刷（涂底色用），直尺及曲线板（根据造型需要备用），画板，调色盒等。

（2）材料：水粉纸或色纸（正稿用纸），图画纸（起线稿用纸）拷贝纸（拓线稿用纸），卡片纸或 KT 板（衬托画面用）牛皮纸胶带、双面胶带、水粉色若干，定画液。

二、画前准备

（1）裱纸：按照表现对象，选择相应幅面的画纸，裱在适当型号的图板上，方法如前所述。

（2）线稿：用铅笔在图画纸上起线稿，作为正稿的造型轮廓，然后用拷贝纸描线备用。

（3）脱胶：将广告色若干放置调色盒的格内，再将热水滴入，放置几小时后，再将调色盒的格内脱胶的浮水吸出备用。

（4）设计色彩小稿：除如前所述外，重点强调所要表现的造型、构图，确定底色的基调（明度、色相），以及用炭笔、彩色铅笔、白铅笔等快速表现造型光感、质感与体感的技法特点。

三、介绍表现案例与画法步骤

介绍表现案例：《敞篷跑车》

该汽车线形流畅，车身表面为蓝色金属漆，光亮、细腻，造型浪漫，现代感强，呈行进状态，画面色调优雅、单纯，造型动势感强。以下是画法步骤：

（1）按照色彩小稿的设计，在已裱好的画面上，平涂造型的中间色调，还可以选择色相合适的色纸，拓造型线稿（图 4-30）。

（2）根据光影关系，在中间色的基础上，用炭笔勾画造型的轮廓与暗部调子，注意造型线条与明度调子的虚实，把握造型的整体关系（图 4-31）。

（3）强调造型的明暗交界线，刻画细部变化及阴影（图 4-32）。

（4）在造型受光面的强反光处，用白铅笔或白粉笔点画高光。由于造型反光处的形状、位置的不同，高光的形状、亮度也要注意区别，这样才能有效地表现造型的光感和质感（图 4-33）。

（5）用彩色铅笔在造型的特定位置，点画鲜纯的亮色；在造型反光处，添加环境色，整理画面，喷定画液，装裱完成表现过程（图 4-34）。

高光法实训小结：通过《敞篷跑车》高光法案例的实训过程，了解在底色上，用轮廓、光影表现造型的方法与画法步骤，掌握主光源照射形成的明暗规律，正确选择画面底色，运用线面结合、点画高光的技巧、快速表现整体造型的体感、光感、质感和色彩感。

图 4-30	图 4-31
图 4-32	图 4-33
图 4-34	

第四节　浅层法实训

浅层法训练要点：根据光影关系，在富有变化的底色上，运用线条、笔触和薄水粉色覆盖，表现造型的立体感和色彩关系，讲究用笔方法和笔触造型效果，体验水粉色的干湿变化，要利用底色"巧画多空"，把握"以少胜多"的快速画法特点。

一、工具与材料

（1）工具：铅笔（起线稿用）大、小白云笔，水粉笔，棕毛板刷（涂底色可见笔触和纹理），衣纹笔（勾线用），槽尺、支撑笔、（备用）画板，调色盒，笔洗等。

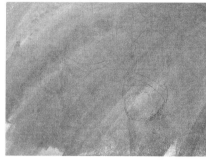

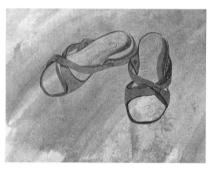

（2）材料：水彩纸或水粉纸（正稿用纸），图画纸（起线稿用纸）拷贝纸（拓线稿用纸），卡片纸或KT板（衬托画面用）牛皮纸胶带、双面胶带、水粉色若干。

二、画前准备

（1）裱纸：了解表现对象，选择相应幅面的画纸，裱在适当型号的图板上，方法如前所述。

（2）线稿：用铅笔在图画纸上起线稿，作为正稿的造型轮廓，然后用拷贝纸描线备用。

（3）设计色彩小稿：除如前所述外，重点强调所要表现的造型、构图、色彩明暗、冷暖的层次关系以及笔触概括造型的特点。

三、介绍表现案例与画法步骤

介绍表现案例一：《凉鞋》

这款绿色，塑料质感凉鞋，画面借用红色鞋垫为画面基调，表现了一幅红绿对比的强烈画面。以下是画法步骤：

（1）按照色彩小稿的设计，在已裱好的画面上，用棕板刷湿画鞋垫的中间色调，为画面的基调色，随后拓凉鞋的造型线稿（图4-35）。

（2）在造型轮廓上勾画凉鞋鞋面的造型与鞋垫的投影（图4-36）。

（3）勾画鞋垫的纹样与鞋面的转折、连接结构及投影（图4-37）。

（4）勾画凉鞋的装饰件，添加鞋垫的纹样与鞋面的亮部色调（图4-38）。

（5）点画鞋垫、鞋面亮部的高光与暗部的环境反光，整理画面，装裱完成表现过程（图4-39）。

图4-35
图4-36
图4-37
图4-38
图4-39

介绍表现案例二：《计算机》

该产品是一部较早设计的经典台式机，造型结构合理，操作方便，整体线形和谐而富于变化，黄绿色系的色彩搭配，给人以自然、成熟的感觉。画面以计算机的绿色为画面基调，逐层勾画。以下是画法步骤：

（1）按照色彩小稿的设计，在已裱好的画面上，用棕毛板刷湿画技巧，涂出绿色计算机主体的中间色调，底色要根据造型的需要，表现一定的深浅和纹理的变化，纹理的设计要考虑造型画面构图、明暗、动势等关系，在中间底色上，拓造型线稿（图4-40）。

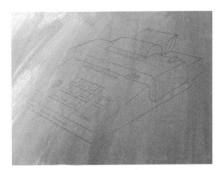

（2）根据光影关系，在中间色的基础上，用薄水粉和概括的笔触表现计算机造型的暗调子，要注意色彩的冷暖变化（图4-41）。

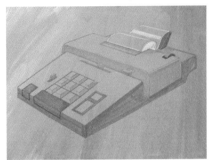

（3）在计算机造型中间色的基础上，采用线条和笔触提出按键、机器中部的扣罩以及打印纸等部位的亮调子，注意整体造型的色彩冷暖及虚实关系（图4-42）。

（4）刻画计算机造型局部的阴影，在造型的暗部添加明暗交界线（图4-43）。

（5）在计算机的受光处，点画高光，注意造型各部位高光的层次关系。随后，添加造型主体的阴影，在造型的反光处，添加环境色，整理画面，装裱完成表现过程（图4-44）。

图 4-40
图 4-41
图 4-42
图 4-43
图 4-44

介绍表现案例三：《液压挖掘机》

该产品是一部工程车辆，动力强劲，造型是以直线与弧线相结合的线形，设备的驾驶室与动臂、斗杆配重等色彩搭配以浅黄色为主调，履带与铲斗为铁灰色，驾驶室的顶棚为白色，用红色装饰线、点缀在相应部位，表现出动感与气势，该画面以蓝紫色背景衬托黄色造型，色彩对比鲜艳，突出工程车辆的效率感。以下是画法步骤：

（1）按照色彩小稿的设计，在已裱好的画面上，用棕毛板刷、湿画技巧，涂出蓝紫色为挖掘机的背景色调，底色要表现出一定的深浅和纹理的变化，要考虑以挖掘机造型所需的动势，在画面底色上拓线稿（图4-45）。

（2）在造型轮廓上，用薄水粉色，勾画挖掘机的整体明暗色调（图4-46）。

（3）勾画驾驶室顶棚与履带的亮调子（图4-47）。

（4）勾画挖掘机的细部结构，强调明暗转折、勾画红色腰线（图4-48）。

（5）深入刻画，平涂地面，整理画面，装裱完成表现过程（图4-49）。

浅层法实训小结：通过《凉鞋》、《计算机》、《液压挖掘机》浅层法案例的实训过程，了解了在变化的底色上，用薄水粉色逐层覆盖表现造型的方法及画法步骤，掌握光影规律，用湿画的技巧涂变化的底色，用薄水粉勾画造型，表现整体色彩关系，用较饱和的颜色，刻画重点部位，笔触要精练、准确，刻画要松紧有致，利用底色，巧画多空，达到"以少胜多"、快捷、生动的画面效果。

图 4-45
图 4-46
图 4-47
图 4-48
图 4-49

第五节 淡彩法实训

淡彩法训练要点：运用铅笔或黑水笔的线条，准确勾勒造型对象，根据造型的体面、结构及光影关系，用水彩上色的表现过程，掌握线造型及概括的淡彩笔触表现技法。

一、工具与材料

（1）工具：铅笔、钢笔、黑水笔（勾线稿用），大、小白云笔，（上淡彩用），直尺、曲线板（备用），画板，调色盒，笔洗等。

（2）材料：水彩纸或水粉纸（正稿用纸），图画纸（起线稿用纸）拷贝纸（拓线稿用纸），卡片纸或 KT 板（衬托画面用），牛皮纸胶带、双面胶带、水彩色若干。

二、画前准备

（1）裱纸：了解表现对象，选择相应幅面的画纸，裱在适当型号的图板上，方法如前所述。

（2）线稿：用铅笔在图画纸上起线稿，作为正稿的造型轮廓，然后用拷贝纸描线备用。

（3）设计色彩小稿：除如前所述外，重点强调所要表现的造型、构图、淡彩清新、透明的效果以及笔触造型的特点。

三、介绍表现案例与画法步骤

介绍表现案例一：《防尘罩》

造型采用复合材料压制成型，造型按照人的面部结构，设计的隆起状的壳体，壳体中央有防尘、过滤、透气功能的构造，防尘罩的边缘有松紧细带，造型表面为淡黄色。画面表现一种淡雅、精致的造型效果。以下是画法步骤：

1. 铅笔淡彩

（1）将防尘罩造型线稿拓至已裱好的画面上，用铅笔准确勾勒造型线条，注意造型线条的浓淡与疏密安排（图 4-50）。

（2）根据防尘罩造型的光影和体面关系，在线造型的基础上，用白云笔蘸水彩由浅入深上色，注意笔触造型及整体关系，色彩变化不宜复杂，高光要空白（图 4-51）。

图 4-50   图 4-51

图 4-52   图 4-53

（3）用湿画与滴色的技巧画出轻松的背景，对防尘罩加以衬托，表现造型主体的严谨、精致（图 4-52）。

（4）对造型整体上色之后，在原线造型的基础上，进行重点复线，表现造型的主次关系、虚实关系，用线条排列调子对造型结构加以强调，最后，整理画面，装裱完成表现过程（图 4-53）。

介绍表现案例二：《轮椅》

造型为黑色构造的座椅与红色车轮构成，整体感觉精致、舒适安全、可靠。画面造型表现给人以直观、清晰、鲜明的视觉效果。以下是画法步骤：

2. 钢笔淡彩

（1）将轮椅造型线稿拓至已裱好的画面上，用钢笔或黑水笔准确勾勒轮椅造型线条，注意造型线条疏密安排（图 4-54）。

（2）根据轮椅造型结构的光影，在线造型的基础上，用白云笔蘸水彩由浅入深上色，注意笔触造型及整体关系，色彩变化不宜复杂，高光要空白（图 4-55）。

（3）在整体色彩的基础上，添加变化的颜色（图 4-56）。

（4）再整理整体造型，对重点部位，进行复勾线条刻画，并用湿画法对造型加入背景，

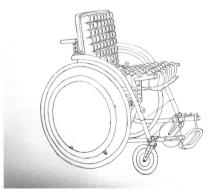

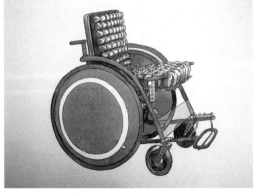

图 4-54   图 4-55

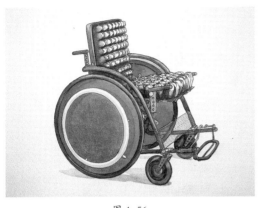
图 4-56

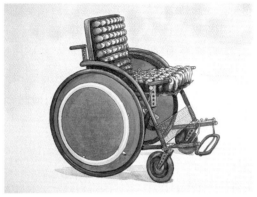
图 4-57

突出画面的对比效果，最后，整理画面，装裱完成表现过程（图 4-57）。

　　淡彩法实训小节：通过《防尘罩》、《轮椅》淡彩法案例实训过程，了解勾线、上淡彩、加彩强调、复勾整理画面，四个画法步骤。掌握光影规律，用线加淡彩的表现形式，快速、生动表达造型，此法注重于线的准确性与色彩的概括性，画面追求清晰明媚的视觉效果。

第六节　彩色粉笔法实训

　　彩色粉笔法训练要点：根据光影关系，在准确的线造型基础上，借助自制挡片，用脱脂棉蘸色粉末，擦涂造型整体色彩关系，配合使用彩色铅笔刻画造型细部，根据画面需要，可加涂背景，完成画面表现后，均匀喷涂定画液，固定画面颜色防止脱落。

一、工具与材料

　　（1）工具：铅笔、色粉笔、彩色铅笔、橡皮、自制挡片、直尺、曲线板（备用）等。
　　（2）材料：绘图纸（画面用纸）、拷贝纸（拓线稿用纸），卡片纸或 KT 板、双面胶带（衬托画面用），定画液。

二、画前准备

　　（1）备纸：根据表现对象，选择相应幅面的绘图纸，拷贝纸等。
　　（2）线稿：用铅笔在草稿纸上起线稿，作为正稿的造型轮廓，然后用拷贝纸描线备用。
　　（3）设计色彩小稿：用彩色粉笔表现的构图、造型、色彩、背景的整体效果。

三、介绍表现案例与画法步骤

　　介绍表现案例一：《计步器》
　　该产品是一款用于跑步健身佩戴的检测仪器，成型材料为塑料，造型圆润、小巧，机壳为白色，造型前端镶嵌记录锻炼数据的液晶显示，左侧围排列红色控制键，顶部有红色开关按键，布局合理，使用便利，整体色调呈红与白色搭配，画面给人以活泼、亲切之感。以下是画法步骤：

（1）在绘图纸的画面上，拓计步器造型线稿，注意造型线条不宜过重（图4-58）。

（2）按照光影关系，借助自制挡片，用脱脂棉，沿线造型轮廓，由浅入深，擦涂上色，表现计步器的整体色彩关系以及大的体面效果，在表现亮光时可利用挡片，用橡皮涂擦，可获得较好的效果（图4-59）。

（3）在计步器的整体色彩完成后，用彩色铅笔，对造型细部的转折和造型的阴影进行具体、深入的刻画（图4-60）。

（4）借助挡片遮挡，用脱脂棉蘸彩色粉笔末，擦涂造型背景与投影，通过衬托，使计步器造型更突出，空间感更强，画面更完整，最后用彩色铅笔整理画面关系，喷定画液，装裱画面，完成表现过程（图4-61）。

介绍表现案例二：《双水龙头》

该款龙头为冷、热水龙头，流线型造型。采用铜材电镀工艺制造，表面光洁度高，反光

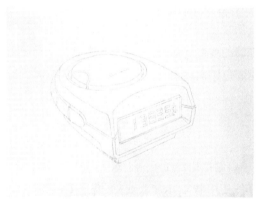
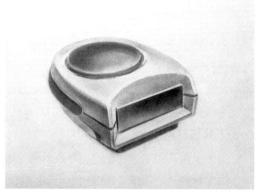

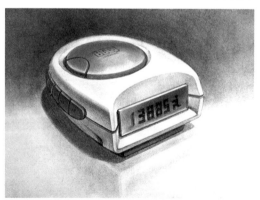

图4-58	图4-59
图4-60	图4-61

效果强烈。画面针对其形态与光亮夺目视觉现象加以充分的表现。以下是画法步骤：

（1）在绘图纸的画面上，拓水龙头造型线稿，注意造型线条不宜过重（图4-62）。

（2）按照光影关系，借助自制挡片，用脱脂棉，沿线造型轮廓，由浅入深，擦涂上色，表现水龙头的整体色彩关系，以及大的体面效果，要强调光影的力度，在表现亮光时可利用挡片，使用橡皮涂擦，可获得较好的效果（图4-63）。

（3）在水龙头的整体色彩完成后，用彩色铅笔，对造型细部的转折和造型的阴影进行具体、深入的刻画，特别要准确地刻画造型结构，及时调整擦涂上色过程中的偏差（图4-64）。

（4）借助挡片遮挡，用脱脂棉蘸彩色粉笔末，擦涂造型背景与投影，衬托水龙头造型，使其更突出，光感更强，画面更完整，最后用彩色铅笔整理画面关系，喷定画液，装裱画面，完成表现过程（图4-65）。

彩色粉笔法实训小结：通过《计步器》《双水龙头》彩色粉笔法案例实训过程，了解勾线，色粉笔擦涂上色，彩铅笔刻画，背景衬托四个画面表现步骤，重点在于运用绘画知识与规律，掌握遮挡擦涂制作与彩色铅笔刻画的技巧。

图 4-62	图 4-63
图 4-64	图 4-65

第七节　马克笔法实训

　　马克笔法训练要点：要根据光影关系，在准确的线造型基础上，使用灰色系列的马克笔画出明暗调子，再用适当的鲜色覆盖，并结合彩色铅笔刻画细部，表现造型的光感、立体感和深入细腻的效果。练习借助直尺或曲线板用马克笔上色，表现平面或曲面，行笔符合造型的结构及动势，掌握笔触塑造与排列技巧。

一、工具与材料

　　（1）工具：铅笔、彩色铅笔、彩色粉笔、黑水笔（勾线稿用）、马克笔（灰及彩系列），直尺、曲线板（备用）等。

　　（2）材料：图画纸（起线稿用纸）、复印纸、灰纸、马克纸（画面用纸）、拷贝纸（拓线稿用纸），卡片纸或 KT 板（衬托画面用）、双面胶带、白水粉色、白色修改液。

二、画前准备

　　（1）备纸：了解表现对象，选择相应幅面的图画纸，马克纸、复印纸或灰色纸，放置图板。

　　（2）线稿：用铅笔在图画纸上起线稿，作为正稿的造型轮廓，然后用拷贝纸描线备用。

　　（3）设计色彩小稿：用马克笔重点表现构图、造型、色彩、背景及行笔上色的整体效果。

三、介绍表现案例与画法步骤

介绍表现案例一：《转笔刀》

　　这是一款方便的辅助文具，由塑料成型，组装而成，色彩搭配多样，适用对象较为广泛，画面表现了转笔刀的使用状态。以下是画法步骤：

　　（1）将转笔刀线稿拓至复印纸的画面上，用铅笔准确勾勒造型线条（图 4-66）。

　　（2）参照色彩小稿，根据转笔刀造型的光影和体面，在线造型的基础上，用灰色系列马克笔，由浅入深上色，表现造型的明暗关系，注意笔触的造型及整体关系。若所画造型部位的表色属高明度的鲜色，在涂明暗时，其亮部不涂或少涂灰色，以免在鲜色覆盖后显出暗淡（图 4-67）。

　　（3）在显现造型明暗关系的基础上，按造型色彩的预想，选择相应色彩系列的马克笔，依照其体面、结构有规律的行笔排色，对造型主体及部件上色，上色可在同色系中，变化该色的冷、暖，亮部的高光尽量空白纸（图 4-68）。

　　（4）对造型整体上色之后，可利用彩色铅笔对造型细部投影、标识及色彩变化进行深入地的刻画，在其暗部用彩色铅笔施加环境反光，可用白水粉色在造型的亮部点画高光，随后通过对造型进行遮挡施加背景色，此时画面整体关系已经形成，最后，在原线造型的重点部位上复线，强调造型的主次关系、虚实关系，整理画面，装裱完成（图 4-69）。

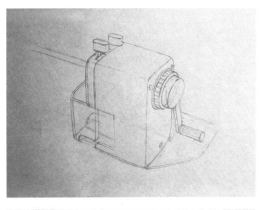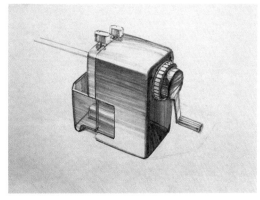
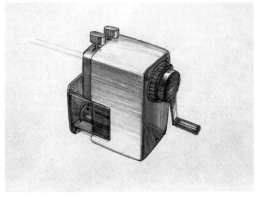

图 4-66	图 4-67
图 4-68	图 4-69

介绍表现案例二：《越野汽车》

该车具有强劲的动力，雄壮的体量，昂首屹立的姿态，造型具有一往无前之感，画面表现了越野汽车的蓄势待发的动势。以下是画法步骤：

（1）通过将越野汽车的线稿拓至灰卡纸的画面上，用铅笔准确勾勒造型线条（图 4-70）。

（2）参照色彩小稿，根据造型的光影关系，在线造型的基础上，用灰色系列马克笔，由浅入深上色，表现造型的明暗关系，注意笔触与造型的走势相一致（图 4-71）。

（3）在显现造型明暗关系的基础上，按造型色彩的预想，选择相应蓝色系列的马克笔，依照其体面、结构有规律的行笔排色，上色可在同色系中，变化该色的冷、暖，亮部的高光尽量空白纸。在造型的受光面，用彩色铅笔、涂暖光色，用白色铅笔画强反光的效果（图 4-72）。

（4）对造型整体上色之后，可利用彩色铅笔对造型细部投影及色彩变化进行深入地刻画，在其暗部用彩色铅笔施加环境反光，可用白色修正液点画造型亮部的高光，随后对造型进行遮挡用灰黄色马克笔施加背景色，衬托造型，形成画面整体关系，最后，在原线造型重点部位复勾线条，强调造型的主次关系、虚实关系，整理画面，装裱完成（图 4-73）。

图 4-70	图 4-71
图 4-72	图 4-73

介绍表现案例三：《电动缝纫机》

这是一款家用小型手提缝纫设备，造型小巧，线形圆润、柔和，色彩柔美，操作方便，案头陈设，装饰性强。画面表现效果，给人一种轻松、明媚、女性化的感觉。以下是画法步骤：

（1）将电动缝纫机造型线稿，拓至在马克纸上（图 4-74）。

（2）在造型线稿上，按照左上光照射形成的光影关系，用灰色马克笔画出明暗调子（图 4-75）。

（3）先用蓝色马克笔在机头、旋钮、拨钮的相应位置上色，然后，用挡片遮蔽，用粉红色、冷灰色色粉笔擦涂机身形体与投影色调，接下来用彩铅笔进行深入刻画，用深灰色马克笔强调造型转折，造型的亮光用橡皮擦出，高光用少量白色修正液点画（图 4-76）。

（4）借助挡片，用绿灰色色粉笔擦涂造型背景，用彩色铅笔、黑色马克笔加重、强调造型投影，处理虚实关系，整理画面，装裱完成表现过程（图 4-77）。

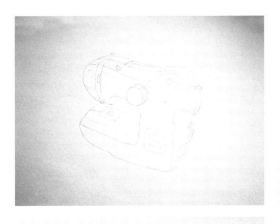

| 图 4-74 | 图 4-75 |
| 图 4-76 | 图 4-77 |

　　马克笔法实训小结:通过《转笔刀》《越野汽车》《电动缝纫机》的马克笔法案例实训过程,了解勾线造型,涂明暗打底,罩色,涂背景整理画面,四个画面表现步骤,掌握马克笔工具的使用方法,由浅入深上色,遮挡涂色,要先整体,后局部,使用彩色铅笔深入刻画,借用彩色粉笔擦涂大面积色,快速表现造型与背景的色彩效果,总之,使用马克笔无须调色,重在选色,涂色,使用得当,有便利、爽快之感,否则,也有拘谨败笔之忧。因此,要熟悉工具与操作技巧。

　　本章小结:产品效果图常用表现技法实训,是在了解绘画规律、技法知识的基础上展开介绍的,是本教材的高潮和重点,通过对渲染法、归纳法、高光法、浅层法、淡彩法、彩色粉笔法、马克笔法,共七种技法及案例的详细介绍,将产品效果图表现所涉及的常用工具与材料、规律与技巧、步骤与效果进行了诠释,而且,每一种技法实训的要点都给予明确,对每一个案例表现过程也都给予小结。意在帮助学生在实训中,学习、体验、掌握产品效果图表现技法,感悟表现中的创造思维,享受创造思维带来的表现力。

[思考与练习题]

1. 了解产品设计常用表现方法的工具、材料及画法步骤。

2. 采用不同的训练方法，进行产品设计常用表现技法的实训，掌握常用技法的表现技巧。

（1）临摹或意象构思，用渲染法表现两种以上质感的组合体。

（2）产品写生，用归纳法表现一款产品造型。

（3）图片整理，用高光法表现一款产品造型。

（4）作品临摹，用浅层法表现一款产品造型。

（5）图片整理，用淡彩法表现一款产品造型。

（6）图片整理，用彩色粉笔法表现一款产品造型。

（7）图片整理，用马克笔法表现一款产品造型。

第五章 产品效果图作品欣赏

对产品效果图的欣赏，往往伴随着对作品的评价，是一个学习、思辨的过程，是对技法知识学习的验证与深化，是产品效果图表现教学不可缺少的组成部分，通过作品欣赏，获得启发，应用知识评价标准，对作品的表现质量，做出正确的判断，从他人的表现实践中，吸取经验与借鉴，从而提高学生的理论联系实际的能力，体现产品效果图教学实训成果。

第一节　产品效果图评价标准

如何评价产品效果图表现质量，是产品效果图实训与作品欣赏经常遇到的问题，要解决这个问题，关键要树立以设计应用为导向，以准确、生动、快捷为技法表现境界，围绕产品效果图表现的教与学，建立一个符合产品效果图表现的评价标准，这个标准要依据第一章介绍过的创造性、写真性、说明性、启智性、规律性、综合性、艺术性、快捷性等特性，从表现技法层面，就产品效果图画面构成因素，具体提出四个方面的评价标准，仅供参考：

1. 画面构图

画面构图，是对产品造型表现画面的总体设计，它涉及画面的落幅；画面的容量；造型的位置；造型的方向；造型的角度；造型的均衡等因素，如果根据产品表现对象，正确选择画幅，适当安放造型体量，合理安排造型的位置、方向以及表现角度，这样的画面空间布局，可以使产品造型表现得更充分，更具有说明性，更能表现均衡之美的艺术性。因此，正确的画面构图，是欣赏产品效果图作品、评价表现质量的第一标准。

2. 造型准确

造型准确，这里有两层含义：其一是产品效果图要准确表现造型原创的意图即形状、比例、尺度、大小等概念。其二是描绘在画面上的产品形象，在表达原创概念的前提下，要恰当地运用透视准确表现造型结构、功能布局、材料加工特点、品牌标识等设计信息。这样通过准确的造型刻画，使产品效果图表现具备了说明性和启智性，同时也提高了设计传达真实性与可信性，因此，准确表现造型原创，是欣赏产品效果图作品、评价表现质量的第二条标准。

3. 色彩表现

色彩是产品造型视觉要素。产品效果图的色彩表现效果，要从三个方面考量：其一，围绕着产品配色设计效果准确地表现色彩意图。其二，恰当地调整色相、明度、纯度要素，准确表达产品立体造型的色彩感觉，给观者以明确的色彩印象，避免歧义。其三，按照表现意图，正确处理造型与背景的色调关系，创造烘托产品造型特点的色彩意境，给观者美好的联想，并对色调的搭配产生认同感。因此，表现造型配色原创、准确表达立体造型，正确处理画面色调，是欣赏效果图作品、评价表现质量的第三条标准。

4. 技巧应用

技巧是对技法的支撑，技法通过技巧实现效果。产品效果图表现质量与绘画制作技巧紧密相关，熟练的勾、点、涂、染的绘画技巧；精湛的拓、印、刮、擦、喷等制作技巧准确、恰当地在技法表现过程中应用，不但使产品效果图表现质量得到保证，也使表现效率大大地提高。因此，技巧熟练，制作精湛，是欣赏效果图作品、评价表现质量的第四条标准。

<h2 align="center">第二节　产品效果图作品点评</h2>

　　根据上一节介绍的产品效果图评价标准，从以往产品效果图表现实训教学中，选择八件不同表现技法、不同特点的产品效果图作品进行客观地点评分析。

一、对《洗手液瓶型》效果图作品的点评（图5-1）

　　该画面采用归纳法表现了一款洗手液瓶型，瓶型由绿色鸭嘴瓶盖与内装绿色洗手液的透明瓶体组成。造型背景由红色衬托，呈补色对比色调，强烈、鲜明，视觉冲击力强。画面造型完整，光感明确、色彩层次清楚，体面表达、高光点缀基本正确，造型质感表现到位。但是此画面构图问题最为明显，即落幅选择失当，将纵高的瓶型放置横幅画面中，这样的构图不当有二：其一，纵高的物体放置横幅画面中，影响了形体向上的动势，有压迫感；其二，同样尺寸的画面，纵高的物体放置横幅画面中，画面容量不够，物体显小，画面空旷。如果纵高的物体放置竖幅画面中，物体显舒展，刻画更能充分深入。

二、对《小客车》效果图作品的点评（图5-2）

　　该画面采用铅笔淡彩法表现了一辆蓝色小客车。造型以成角透视、俯视角度，呈现车头向里，后备厢朝外的动态，车型线条勾勒较流畅，淡彩轻快而有层次，体面光影清晰，但是车身与顶棚的透视没在一个灭点上，因此，车身变形，车轮透视也有失真，造成外翻的感觉。由于没有参照透视中心线描绘后备厢与后车窗，因此，这些部位的比例、形体、位置关系交代的都不够准确，由此可见，透视是造型准确的基础，造型失真失准，其根源在于透视有误。

三、对《传真机》效果图作品的点评（图5-3）

　　该画面采用浅层法表现了一款台式传真机。造型平稳、色调冷静、画面统一感强。形体描绘借助变化的底色，运用了薄水粉覆盖、勾画。但是，画面色彩显平淡、单调，没有标识、

图 5-1

图 5-2

图 5-3

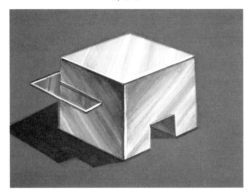

图 5-4

图 5-5

图 5-6

文字之类的点缀色和对造型细部的刻画，缺乏生动感，其根本原因在于画面只注重色彩的明度对比关系，忽略色彩的冷暖、纯度关系的调节，以及小面积暖色、鲜色的点睛作用。这样的画面缺乏视觉冲击力和引人入胜的感觉。

四、对《两种质感的组合体》效果图作品的点评（图 5-4）

该画面采用渲染法表现黄铜与玻璃质感组合的几何体造型。画面主体为黄铜方台，正面下边中间有向上的凹槽，侧立的暗面横切插入方形透明玻璃片材。铜材呈强反光，玻璃呈透射光，造型边缘处都勾画了反光，背景以紫色相衬，色彩效果强烈。但是从勾、染、涂的技巧上看：利用槽尺勾亮线或暗线不够流畅。铜材接染光泽变化不够自然。玻璃罩染不够润泽，有水迹，平涂背景欠均匀，高光欠点画的技巧表现。这四种技巧在使用上的欠缺影响了画面深入、细腻、逼真、厚重的效果。

五、对《越野汽车》效果图作品的点评（图 5-5）

该画面采用高光法表现了一款蓝色越野汽车。该车动力性强，车体宽大，造型现代感强，画面表现充分、准确。但是，造型的明暗转折处欠缺高光点画，因此，车身造型的光感强度有所降低。这是此件作品的遗憾之处。

六、对《旱冰鞋》效果图作品的点评（图 5-6）

该画面采用高光法表现了一款黑色皮质旱冰鞋。画面呈冷蓝渐暖色调，造型用成交透视表现动感，构图均衡、适量，光影明确，通过借底色用炭笔加色粉刻画，色调自然，鞋面皮质感觉真实，造型表现充分、准确，勾、涂、点画技巧到位。

七、对《电脑》效果图作品的点评（图5-7）

　　该画面在灰色纸上，采用马克笔画法表现一款台式电脑。画面构图均衡、容量适度，选用色纸色调恰当，运用马克笔勾、点、涂色技巧熟练，造型表现准确、精致、生动、帅气。

图 5-7

八、对《大客车》效果图作品的点评（图5-8）

　　该画面画幅较大，采用色粉笔与马克笔相结合的画法，表现了一款大客车。画面造型壮观，构图饱满，具有向前的动感。车身光影明确，画面以暖色调为主，大面积色及背景，采用色粉笔擦涂上色，车身轮廓、构造、投影等用马克笔勾、涂，用笔潇洒，刻画精细，造型色彩鲜明，气势宏大，画面使用色粉笔与马克笔结合，发挥了这两种工具的优势，表现较大的画面非常适合，十分恰当，效果理想。

图 5-8

第三节　产品设计效果图作品欣赏

　　本节在以往收集的手绘产品效果图作品中，优选一部分作品，介绍给读者以供欣赏，其内容涉及产品效果图表现课程教学范图，学生优秀实训作品及企业产品设计效果图和国外产品设计效果图作品。

一、教学范图、学生优秀实训作品及企业产品设计效果图。见图例如下：

图 5-9 《砧板与刀具》渲染法　田敬

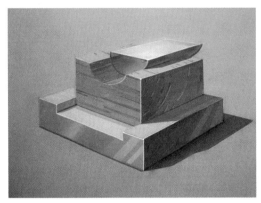

图 5-10　《三种材质的组合体》　渲染法　孙凤旭

图 5-11　《电话》　渲染法　田敬

图 5-12　《电熨斗》渲染法　秦文婕

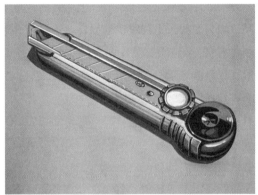

图 5-13　《壁纸刀》归纳法　魏林雪

图 5-14　《储物盒》归纳法　戴双

图 5-15　《手表》归纳法　刘辛夷

图 5-16　《水龙头》归纳法　郭金

图 5-17　《电话》高光法　王鹏

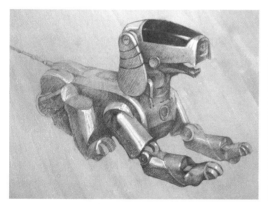

图 5-18　《电子狗》高光法　孙楠

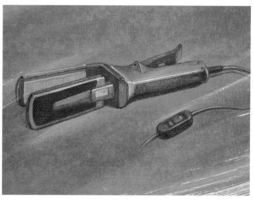

图 5-19　《烫发器》高光法　魏林雪

图 5-20　《水龙头》高光法　黄芸娜

图 5-21　《电熨斗》高光法　刘德利

图 5-22 《头盔》高光法　辛朝晴

图 5-25 《皮靴》高光法　汪家庆

图 5-23 《车铃》高光法　刘纯

图 5-24 《小客车》高光法　宋昕

图 5-26 《搅拌器》浅层法　于重彬

图 5-27 《组合烤炉》浅层法　杜书金

图 5-30 《摩托车》浅层法　靳君

图 5-31 《皮质旅游鞋》浅层法　张娇

图 5-28 《概念车》浅层法　田敬

图 5-29 《组合音响》浅层法　王鹏

图 5-32 《暖灯设计》浅层法　田敬

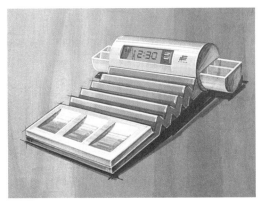

图 5-33 《带计时器的组合文具盒》浅层法　田敬

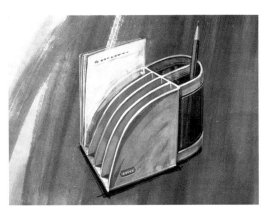

图 5-34 《组合文具盒》浅层法　田敬

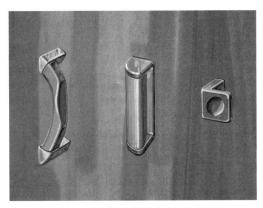

图 5-35 《门把》浅层法　田敬

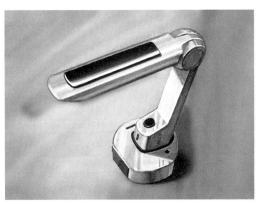

图 5-36 《台灯》浅层法　焦猛猛

图 5-37 《太阳镜》浅层法　冯洋

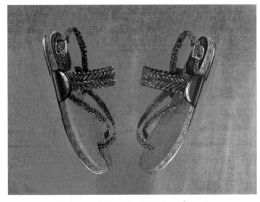

图 5-38 《凉鞋》浅层法　朱丽婷

图 5-39 《小客车》浅层法 李爽

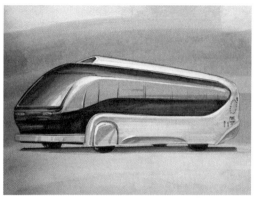

图 5-40 《大客车》浅层法 李静

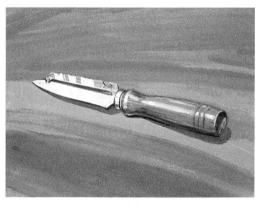

图 5-41 《刀具》浅层法 何文华

图 5-42 《载重卡车》浅层法 李延伟

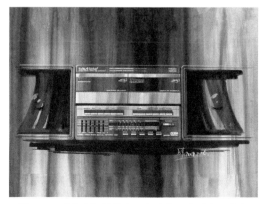

图 5-43 《音响》投影法 电子产品培训班 学生

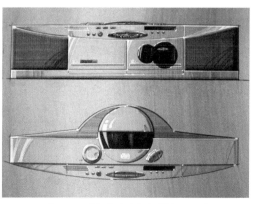

图 5-44 《组合音响》投影法 王鹏

图 5-45 《汽车》铅笔淡彩法　刘艺文

图 5-46 《电话机》透明水色法　岳俊

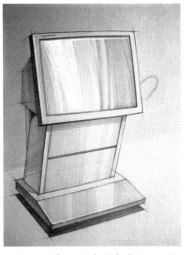

图 5-47 《显示器》马克笔法　田敬

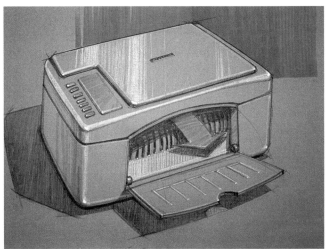

图 5-48 《扫描打印机》马克笔法　田敬

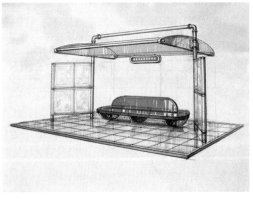

图 5-49 《公交车站设计》马克笔、彩色铅笔、彩
色粉笔　结合应用　田敬

图 5-50 《车座》马克笔法　田敬

图 5-51 《坐凳》马克笔法 程娇

图 5-52 《耳机》马克笔法 张利强

图 5-53 《吉普车》马克笔法 武娇怡

图 5-54 《耳麦》马克笔法 田敬

图 5-55 《刀具》马克笔、彩粉笔 陈传圣

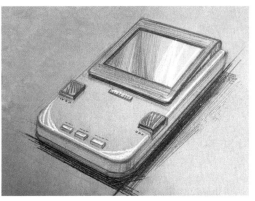

图 5-56 《游戏机》彩色铅笔法 田敬

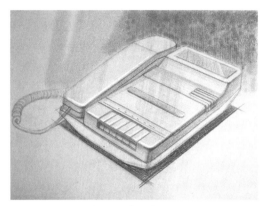

图 5-57 《电话机》彩色铅笔法　田敬

图 5-58 《游戏机》彩色铅笔法　田敬

图 5-59 《中型客车》彩色粉笔法　田敬

图 5-60 《轻便摩托车》彩色粉笔法　田敬

图 5-61 《旅行车》喷绘法　学生设计作品

二、国外产品设计效果图作品。见图例如下：

图 5-62　《雷达天线》浅层法

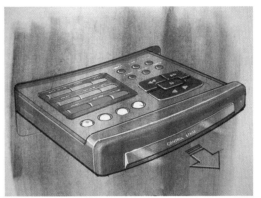

图 5-63　《音响控制器》浅层法

图 5-64　《汽车》淡彩法

图 5-65　《宝马汽车》淡彩法

图 5-66 《赛车》透明水色法

图 5-67 《单反相机机身》马克笔法

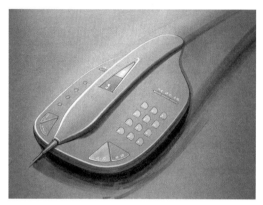

图 5-68 《电话机》
色粉笔、马克笔、水粉色综合应用

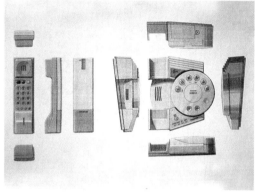

图 5-69 《松下电话机》水粉色、色粉笔、
彩色铅笔综合，应用投影法表现

图 5-70 《汽车造型》色粉笔、彩铅笔、马克笔结合

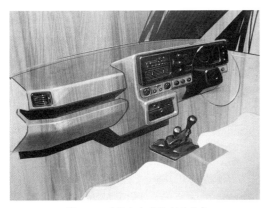

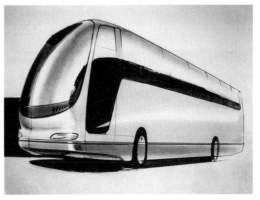

图 5-71　《汽车内室控制系统》
马克笔、色粉笔、彩色铅笔、水粉色综合应用

图 5-72　《大客车》马克笔、彩色粉笔结合应用

图 5-73　《挖掘机》马克笔与彩色粉笔结合应用

图 5-74　《飞机》
马克笔、彩色粉笔与彩色铅笔结合应用

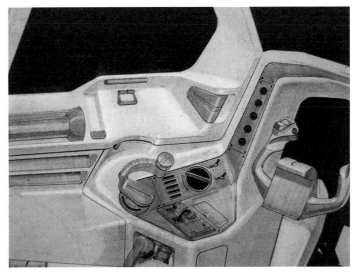

图 5-75　《驾驶室》马克笔、彩色粉笔与彩色铅笔结合应用

　　本章小结：产品效果图作品欣赏是教材的尾声章节，包括三个方面的内容：（1）为如何欣赏产品效果图作品，如何评价产品效果图表现质量，制定了四条的评价标准，即：画面构图、造型准确、色彩表现、技巧应用。（2）依据这四条标准，对产品效果图作品进行客观地评价，（3）将部分产品效果图表现教学范图、学生优秀实训作品、企业产品设计效果图和国外产品设计效果图展示出来，以供读者观赏、品评。

［**思考与练习题**］

　　1. 你喜欢哪种产品设计效果图表现技法，为什么？

　　2. 如何评价一幅好的产品设计效果图作品？

图片来源

图 1-4　　20 世纪 80 年代末，日本康宁公司音响设计产品目录。

图 1-13　John Raynes. Perspektiv Tegning. Collins &Brown，2005.

图 1-14　John Raynes. Perspektiv Tegning. Collins &Brown，2005.

图 2-2　　John Raynes. Perspektiv Tegning. Collins &Brown，2005.

图 2-12　20 世纪 80 年代末，日本日立公司产品目录。

图 2-19　John Raynes. Perspektiv Tegning. Collins &Brown，2005.

图 2-20　同上。

图 2-53　饭村昭彦. Industrial Design Workshop. 东京：株式会社メイセイ，1993，2.

图 2-54　来源网络：http://www.charts.kh.edu.tw/teaching-web/98color/color.htm.

图 2-55　同上。

图 2-56　同上。

图 2-114　20 世纪 80 年代末，日本日立公司产品目录。

图 3-16　来源网络：http://www.wttangyi.cn/.

图 3-17　陈学文 . 喷画造型艺术 . 哈尔滨：黑龙江出版社，1992，6.

图 3-51　波莱斯特设计公司工业设计师彼特与中国企业设计交流画稿，美国费城，1989.

图 3-57　陈学文 . 喷画造型艺术 . 哈尔滨：黑龙江出版社，1992，6.

图 5-62　20 世纪 80 年代末，日本日立公司产品目录。

图 5-63　饭村昭彦. Industrial Design Workshop. 东京：株式会社メイセイ，1993，2.

图 5-64　来源于国际车展样本。

图 5-66　中羽. 美国插图艺术. 哈尔滨：黑龙江出版社，1991，6.

图 5-67　饭村昭彦. Industrial Design Workshop. 东京：株式会社メイセイ，1993，2.

图 5-68　同上。

图 5-69　同上。

图 5-70　同上。

图 5-71　同上。

图 5-72　同上。

图 5-73　同上。

（文中其余图片均为作者自摄、专业课程学生及老师作品）

参考文献

[1] 浙江美术学院绘画教材编写组.绘画透视.天津：天津美术出版社，1977，11.

[2] 辛华泉，程建新.设计表现技法.上海：上海交通大学出版社，1988，5.

[3] 广州机床研究所.工业产品预想图表现技法.广州：广东科技出版社，1990，4.

[4] 揭湘沅.现代工业设计表现图技法.长沙：湖南美术出版社，1992，6.

[5] 钟蜀珩.色彩构成.杭州：中国美术学院出版社，1994，2.

[6] 辛华泉.形态构成学.杭州：中国美术学院出版社，1999，6.

[7] 田敬，韩凤元.设计素描.石家庄：河北美术出版社，2002，1.